»Katzen haben keine Herrchen, sondern Personal.«

Manchmal sind Katzentiere ja einfach nur Arschlochkatzen. Das Drama ging schon bei den alten Ägyptern los, und seit der Erfindung von Facebook und YouTube sind die ach so niedlichen Fellnasen sowieso omnipräsent - vor allem, wenn sie ihre Dosenöffner in den Wahnsinn treiben. Das machen sie natürlich nicht nur aus einer Laune heraus, sondern sie halten sich dabei akribisch an das sogenannte AKABG – an das Gesetzbuch des (all)gemeinen Katzentiers.

Wenn Sie Ihre Katze zumindest besser verstehen wollen - von der Illusion, sie je erziehen zu können, haben Sie sich vermutlich schon lange verabschiedet - lesen Sie sich dieses Gesetzbuch gut durch. Zur besseren Erläuterung sind alle Paragraphen mit ausführlichem Kommentar versehen.

Wie viel Arbeit das macht, an so viele Gesetze gebunden und ein gutes Katzentier zu sein, das stellen Rollmops und Rasender Buddha, zwei plüschige Katzentiere und ihre Bedienstete aka Lieblingsmensch, jeden Tag aufs Neue fest und lassen Sie mit viel Humor und Selbstironie daran teilhaben.

Aus dem Verlag, der schon dem berühmten Arschlochpferd ein Zuhause gab.

****

Pia Fauerbach wurde als letzte Trägerin ihres Namens vor einigen Jahren in Mainz geboren. Da ihr eine Karriere als Funkenmariechen verwehrt blieb, entschied sie sich im zarten Alter von sechs Jahren, dass das phantastische Genre eine Alternative sein könnte. Heute lebt sie als überzeugter Nerd mit 2 Katern in einer sehr beschaulichen Kleinstadt in Südhessen und versucht, den Panzerübungsplatz am Haus wieder in einen Garten zu verwandeln.

Pia Fauerbach

AKAGB – GESETZBUCH DES (ALL)GEMEINEN KATZENTIERS

Sachbuch

in Farbe und Bunt

Phantastische Welten

Originalausgabe

in Farbe und Bunt Verlags-UG (haftungsbeschränkt)
Kruppstraße 82 - 100
45145 Essen

www.ifub-verlag.de

Cover-Gestaltung: Stefanie Kurt
Satz: Grit Richter - Art Skript Phantastik Design
verantwortlicher Redakteur und Korrektorat: Bettina Petrik
Lektorat: Kristina Siers

Print-Ausgabe gedruckt von: Printing House Multiprint ltd., 10A Slavyanska Str., BG-2230 Kostinbrod

ISBN Taschenbuch: 978-3-95936-061-6
ISBN E-Book: 978-3-95936-062-3
ISBN Audiobuch: 978-3-95936-063-0

AKAGB –
Gesetzbuch des (all)gemeinen Katzentiers

INHALTSVERZEICHNIS

Vorwort (Eingangsformel) **9**
Paragraphenübersicht **14**

Abschnitt 1 | Allgemeines **21**
§ 1 – Definition zur gottgleichen Gestalt der Katze 22
§ 2 – Definition des Katzentiers im (All-)gemeinen..... 29
§ 3 – Definition und Wahl des/der Bediensteten........... 39

Abschnitt 2 | Verbraucherrichtlinien **53**
§ 4 – Darreichungsform von Grundnahrungsmitteln.... 54
§ 5 – Das Nahrungsbedürfnis.. 61
§ 6 – Dringlichkeit bei Bediensteten-Nahrungsangebot 74
§ 7 – Bereithaltung von Notrationen.............................. 80
§ 8 – Schenkungen an den Bediensteten........................ 86

Abschnitt 3 | Spielwaren und Kartonagen **92**
§ 9 – Besitzanspruch von Kartonagen 93
§ 10 – Besitzanspruch von Kartonagen mit besonderen Inhalten 99

Abschnitt 4 | Sanitäre Anlagen und deren Nutzung.... **104**
§ 11 – Anwendung von Wasser...................................... 105
§ 12 – Nutzung von Sanitäranlagen und deren Pflege.. 111
§ 13 – Reinigung des Fellkleids.................................... 118

Abschnitt 5 | Veterinäre Handlungsspielräume **132**
§ 14 – Ferndiagnose bei Krankheiten 133
§ 15 – Anfahrt zum und Aufenthalt beim Veterinär...... 140
§ 16 – Simulation der Katze 147

Abschnitt 6 | Verluste des Fellkleids **153**
§ 17 – Verteilung von

DNA-Rückständen in Wohnheimstätten 154
§ 18 – Verteilung von DNA-Rückständen
außerhalb der Wohnheimstätte 161
§ 19 – Schadensfälle bei Dritten 165

Abschnitt 7 | Waffenrechtliche Vorschriften 170
§ 20 – Vertragliche Regelungen mit anderen Tierarten 171
§ 21 – Stimmliche Signalwirkung von
Katzentieren unter sich 178
§ 22 – Einsatz von Waffen in Gefahrensituationen 183

Abschnitt 8 | Überwachung zuständiger Bediensteter 188
§ 23 – Beurteilung von Arbeitsbedingungen
des Bediensteten 189
§ 24 – Umgang mit Aushilfsbediensteten in Abwesenheit
des Hauptbediensteten 194
§ 25 – Regelmäßige Notfallübungen 199

**Abschnitt 9 | Anwendung und Nutzung der Sozialen
(gesellschaftlichen) Medien 204**
§ 26 – Nutzung der sozialen Medien 205
§ 27 – Darstellung der Katze in sozialen Medien 211
§ 28 – Darstellung des Bediensteten
in der Öffentlichkeit 217

**Abschnitt 10 | Weitere Befugnisse,
Schlussvorschriften, Verschiedenes 223**
§ 29 – Nebenbeschäftigungen des Bediensteten 224
§ 30 – Individuelle Zusammenstellung
und kollektiver Austausch 232
§ 31 – Zusammenschlüsse und andere Gruppierungen 238
§ 32 – Aufnahme von weiteren Katzen
in eine bestehende Gemeinschaft 246

Schlussformel 251

Vorwort
(Eingangsformel)

Sehr geehrte Leserinnen und Leser,

Sie halten hier die erste Ausgabe vom *Gesetzbuch des (All-)gemeinen Katzentiers* samt ausführlichem Kommentar in Händen. Ich weise vorsorglich darauf hin, dass dieses Buch keinerlei ernst gemeinte erzieherische Maßnahmen vorschlägt, als Leitfaden zum Zusammenleben mit Katzen nicht zwingend genutzt werden sollte und schon gar kein Haustierratgeber im klassischen Sinne ist.

Dieser Kommentar versucht vornehmlich, sehr speziellen Menschen – nämlich Katzentier-Bediensteten oder solchen, die es gerne werden möchten – durch ausführliche praktische Fallbeispiele zu erläutern, warum ein Katzentier bestimmte Dinge tut oder auch nicht. Weiterhin führt er Menschen, die kaum oder gar keinen Kontakt zu diesen versnobten kleinen Scheißerchen haben, ziemlich deutlich vor Augen, warum Katzentiere und ihre Dienerschaft so speziell sind und einen starken Hang zur Ironie und zum Sarkasmus haben, sowie zu Hamstereinkäufen von Fusselrollen im Angebot.

Katzentiere sind sehr besonders, genauso wie die Menschen, die sich aufopfernd liebevoll um die Gunst der plüschigen Stubentiger bemühen. Machen Sie sich aber bitte keine Illusionen! Es sind Katzen, und solange sie das kriegen, was sie möchten, ist die Welt in Ordnung und vielleicht bekommen Sie auch etwas Dankbarkeit vorgeheuchelt. Aber kriegen es die Katzentiere nicht, dann sollten Sie sich darauf gefasst machen, den Vorhof der Hölle kennenzulernen.

Lernen Sie durch Lesen und Lachen, warum das Leben mit den plüschigen Geheimagenten und raffinierten Katzentieren – in Persona vertreten durch die Zierde ihrer

Art, »Rasender Buddha« und »Rollmops« – so unterhaltsam ist und trotz aller Widrigkeiten immer wieder Freude macht.

In Abschnitt 1 dieses Werks erfahren Sie beispielsweise, warum die Katze oder auch das Katzentier aus historischer Sicht ein solcher Snob wurde. Sollten Sie während des Lesens auf Parallelen zu gewissen realen Katzentier-Bediensteten stoßen, machen Sie sich keine Gedanken, das ist richtig und gut so. Wenn nicht … Sind Sie sicher, dass Sie ein Katzentier zuhause haben? Bitte überprüfen Sie, dass man Ihnen nicht einen Fuchs, ein Wiesel oder einen Marder angedreht hat. Die sind manchmal auch anhänglich, haben aber eine größere Vorliebe für Kabel jeglicher Art als Katzentiere.

Die Verbraucherrichtlinien werden wir in Abschnitt 2 ausführlich behandeln. Bitte denken Sie daran, Ihr Katzentier immer und in ausreichender Menge mit Futter zu versorgen. Und am besten immer eine Stunde vor der üblichen Futterzeit. Dann hören auch die Nachbarn sicherlich bald auf, die Polizei zu rufen, weil sie mutmaßen, es würden Babys und Kleinkinder gequält.

Das Gleiche gilt für Kartonagen. Shoppen Sie nach Herzenslust. Sofern in einem Karton geliefert wird, ist Ihre Katze glücklich. Die Größe des Kartons ist im Übrigen zu vernachlässigen, der Katzentierpopo passt immer rein – siehe Abschnitt 3.

Bei nichts wird das Schnäuzchen mehr gerümpft als bei dem Thema Katzen-Toilettenhygiene. Oder haben Sie sich noch nie gefragt, warum an den unmöglichsten Orten Ihrer Wohnung oder Ihres Hauses auf einmal Katzenstreukörner auftauchen? Wenn Sie jetzt Poltergeister, Risse im Raum-Zeit-Kontinuum oder Aliens vermuten … sind Sie verdammt nahe dran. Die Wahrheit ist nicht irgendwo dort draußen, sondern in Abschnitt 4 zu finden.

Tierarzt – ganz böses Thema. Vergleichbar mit unserem geliebten Besuch beim Zahnarzt. Im Falle der Katzentiere ist dieser Ausflug immer etwas kritisch. Zum einen wissen wir nicht immer genau, wie schlimm das Leiden wirklich ist, denn Katzentiere verbergen entweder ihre Wehwehchen oder simulieren für ihr Leben gerne. Und zum anderen gestaltet sich die Reise oft … interessant. Für den einen beginnt sie mit dem Versuch, das Katzentier in den Korb zu packen und endet mit einer Tetanusspritze im Krankenhaus, und für den anderen mit einer mehr oder minder großen Rechnung. In keinem Fall ist es ein schönes Erlebnis, aber es lässt sich nun mal nicht immer vermeiden.

Die Fusselrolle ist neben dem Dosenöffner (dem Haushaltsgerät, nicht dem Besitzer!) das wichtigste Handwerkszeug, welches Sie überhaupt als Katzentier-Bediensteter besitzen können. Sie sollten dem Erfinder dieses Teils jeden Tag ein Opfer darbringen! Nur so schaffen wir Besitzer es, täglich einigermaßen unbefellt aus der Haustüre zu kommen. Was für Katzentier-Bedienstete wichtige Nährstoffe bedeutet (denken Sie an die Proteine!), wenn die Haare – natürlich nur aus Versehen – mitgegessen werden, bereitet dem Katzentier eine kaum vorstellbare Freude: ihr Fellkleid abzuwerfen. Noch besser wird es, wenn sie es in Richtung von Menschen tun können, die aus welchem Grund auch immer – vermutlich sind sie einfach geistesgestört – dem Katzentier nicht wohlgesonnen sind. Lesen Sie in Abschnitt 6 die besten Tricks der Katzentiere, um unfreundliche Menschen aus ihrer (ja, genau: *ihrer*) Wohnung zu bekommen und huldigen Sie dem Gott der Fusselrolle!

Erfahren Sie dann in Abschnitt 7, wie Katzentiere Probleme unter sich zur vollsten Zufriedenheit aller Parteien regeln und es nebenbei schaffen, die gesammelte Nachbarschaft mitten in der Nacht wachzuhalten.

Wir, also Sie und ich, sind Bedienstete des Katzentiers und dazu verdammt, immer alles zu tun, damit es dem kleinen haarenden Miau gut geht. Warum wir niemals wieder aus dieser Nummer rauskommen und warum wir nicht wussten, auf was wir uns einlassen, erfahren Sie im Abschnitt 8.

Sollten Sie diese ungeschminkte Wahrheit nicht ertragen können, stellen Sie sich einfach vor, sie wäre ein schlechter Science-Fiction-Film aus der Produktion von *The Asylum*[1], dann wird es Ihnen gleich bessergehen. Wenn es hart auf hart kommt, schauen Sie doch einfach auf *Facebook*, *Twitter* oder *Pinterest* vorbei. Dort gibt es jede Menge Abbildungen süßer Katzenbabys. Hilft (fast) immer, wenn ein Super-GAU eingetreten ist. Wir werden als Dosenöffner und Chefmasseure zwar nie wieder auf die niedlichen Frätzchen reinfallen. Wir wissen, wie sie mal werden, wenn sie erwachsen sind. Doch geben Sie sich ruhig einen Moment den Träumen und Hoffnungen hin, die Sie hatten, als Ihr Katzentier noch zuckersüß war und niemand glaubte, es könnte nur einen Tropfen Wasser trüben.

Möchten Sie erfahren, welches ganz bestimmte Katzentier seinen großen Durchbruch in den sozialen Medien hatte und warum der Ruhm auch für eine Fellnase Schattenseiten hat? Dann schauen Sie in den Abschnitt 9. Finden Sie heraus, was die Klatschpresse den armen Katzentieren antut und wie die Stars der Tierwelt schneller als uns allen lieb ist der Catnip- und der Leckerchensucht verfallen können.

Im zehnten und letzten Abschnitt finden Sie dann alles, was sonst nirgends reinpasste. Seien es Gedanken dazu, wie wir als Katzentier-Bedienstete so miteinander umgehen oder warum das Schicksal uns Bedienstete am Ende doch immer wieder zusammenführt.

Und dann haben Sie es auch schon geschafft: Sie haben das *Gesetzbuch des (All-)gemeinen Katzentiers* mitsamt einer Menge Blabla, ein paar bemerkenswerten Fakten und noch mehr Fußnoten durchgeackert. Ob es Ihnen nun das Leben beziehungsweise das Zusammenleben mit den Katzentieren einfacher macht, wage ich zu bezweifeln.

---

1 - *The Asylum* ist eine US-amerikanische Filmproduktionsgesellschaft, die vor allem für Low-Budget-Filme bekannt ist, welche die Blockbuster der großen Studios kopieren. Einen der Überraschungserfolge des Unternehmens stellt die *Sharknado*-Reihe (seit 2013) dar.

Aber ich hoffe, Sie werden hier und da schmunzeln, vielleicht mal laut lachen, auf jeden Fall aber mehr als einmal Ihrem Katzentier tief in die Augen schauen und es liebevoll streicheln, wenn es Sie mal wieder vom Lesen abhalten will. Sehen Sie schon ganz langsam die Ohren am oberen Rand des Buches auftauchen? Oder ist Ihr Katzentier schon bei Stufe 2 und versucht, Sie durch intensives Starren vom Lesen abzuhalten? Warten Sie noch etwas … Irgendwann wird mit der Pfote das Buch weggezogen oder der Kopf unter dem Werk so lange hochgedrückt, bis Sie dieses endlich weglegen und sich nur noch mit Ihrem Katzentier beschäftigen.

Und das macht ja zum Glück bekanntlich genauso viel Spaß wie das Lesen.

Herzlichst,

PARAGRAPHENÜBERSICHT

§ 1 – Definition zur gottgleichen Gestalt der Katze
Die Katze als solche hat aus der Historie heraus das Recht, sich in ihrer Göttlichkeit verehren zu lassen. Unberührt bleibt dies von der irrtümlichen Annahme der Bediensteten, das wäre eine temporär befristete Auflage.

§ 2 – Definition des Katzentiers im (All-)gemeinen
Die Katze hat die Pflicht und das Recht, sich als unbeugsame und kaum erziehbare, elegante Gestalt ihren/m Bediensteten und Untergebenen zu zeigen. Die dieser Position angemessene Arroganz soll auch mit der eigenwilligen Ignoranz unterstützt und eingesetzt werden.

§ 3 – Definition und Wahl des/der Bediensteten
Der Bedienstete beziehungsweise Untergebene, umgangssprachlich auch »Dosenöffner« genannt, wird stets von der Katze ausgesucht, niemals umgekehrt.

§ 4 – Darreichungsform von Grundnahrungsmitteln
Die Katze hat dem Bediensteten immer klar mitzuteilen, welche Nahrungsmittel ihrem tagesaktuellen Anspruch entsprechen. Sollte der Bedienstete diesen strengen Richtlinien nicht nachkommen, ist dies entsprechend durch die Katze anzuzeigen. Ferner hat der Bedienstete stets für ausreichende Sauberkeit des Essensplatzes zu sorgen.

§ 5 – Das Nahrungsbedürfnis
Unter Hinzuziehung von *§ 4 – Darreichungsform von Grundnahrungsmitteln* ist bei vermehrt fehlerhaften Handlungen die Katze durchaus dazu angehalten, ihren Mageninhalt unter entsprechender Geräuschkulisse ihrem Bediensteten zu präsentieren. Es wird dringend angeraten, auf eine vollwertige Nahrung zu achten.

§ 6 – Dringlichkeit bei Bediensteten-Nahrungsangebot
Die Katze kann Anspruch auf das Nahrungsangebot des Bediensteten erheben. Vornehmlich ist dieses Recht bei flüssigen Milchspeisen jeglicher Art zu erwirken. Die Durchsetzung heiligt alle zur Verfügung stehenden Mittel. Ferner ist die Katze bei nicht sofortig erfolgender Erledigung durch den Bediensteten dazu angehalten, strafrechtliche Maßnahmen einzuleiten.

§ 7 – Bereithaltung von Notrationen
Der Bedienstete hat stets sogenannte Notrationen für die Katze bereitzuhalten. Notrationen werden als kleine Zwischenmahlzeiten definiert, die 24 Stunden täglich und 7 Tage die Woche zur Verfügung zu stellen sind. Der Gegenstand dieser Anweisung ist auch auf Katzen, die auf Besuch sind, zu erstrecken.

§ 8 – Schenkungen an den Bediensteten
Die Katze soll ihrem Bediensteten durch Schenkungen den Zustand der Dankbarkeit vortäuschen. Es wird empfohlen, die zu schenkenden Gegenstände an prominenten Plätzen zu präsentieren.

§ 9 – Besitzanspruch von Kartonagen
Es ist ein jederzeit sofort durchsetzbares Recht der Katze, jede sich in der Wohnheimstätte befindliche Kartonage auf Größe und Beschaffenheit zu testen und in Besitz zu nehmen. Inhalte in Selbiger oder verbale Einwände des Bediensteten sind strikt zu ignorieren. Auch spielt die Größe und Stabilität eine vernachlässigbare Rolle. Sollte die Kartonage den Belastungen nicht standhalten, ist der Bedienstete dafür verantwortlich zu machen.

§ 10 – Besitzanspruch von Kartonagen mit besonderen Inhalten

Unter Hinweis auf *§ 9 – Besitzanspruch von Kartonagen* hat die Katze diese Richtlinien ebenfalls zu befolgen, wenn sich außerhalb des in Rede stehenden Kartons extra für die Katze angeschaffte Unterhaltungsgegenstände, sogenanntes »Katzenspielzeug«, gegebenenfalls auch Kratzbäume, alternativ spezielle Sitz- und Schlafmöbel befinden. Diese Sachen und Gegenstände sind mindestens 24 Stunden nach Ankunft in der Wohnheimstätte zu ignorieren.

§ 11 – Anwendung von Wasser

Von der plötzlichen Anwendung von Wasser wird pro forma abgeraten; in Sonderfällen wie bei sogenannter besonderer Affinität der Katze zu Wasser kann die Katze ihren Bediensteten zur Aussetzung des Paragraphen auffordern.

§ 12 – Nutzung von Sanitäranlagen und deren Pflege

Die zu erfolgende Standortbestimmung der Sanitäranlagen muss ordentlich von der Katze ausgeführt werden. Eventuelle Betrugsversuche seitens des Bediensteten sind sofort anzuzeigen. Im Übrigen ist vor und nach jeder Nutzung stets eine Prüfung der Örtlichkeit durchzuführen.

§ 13 – Reinigung des Fellkleids

Ein sauberes Fellkleid soll für jedes Katzentier höchste Priorität haben. Daher soll bei jeder Gelegenheit, unabhängig von Tageszeit oder im Geschehen befindlichen Ereignissen, der Reinigungsprozess gestartet werden.

§ 14 – Ferndiagnose bei Krankheiten

Um ihren Bediensteten stets zu voller Aufmerksamkeit anzuhalten, soll jede Katze bei Beschwerden und Unwohlsein auf andere Weise reagieren. Von Simulation seitens der Katze wird abgeraten, da es dadurch zu inkorrekten Therapien kommen kann.

§ 15 – Anfahrt zum und Aufenthalt beim Veterinär
Sollte das Aufsuchen eines Tierarztes in dessen Praxis notwendig sein, hat die Katze lautstark ihren Unwillen darüber auszudrücken. Der Bedienstete hat dafür zu sorgen, dass sowohl die Anfahrt als auch der Aufenthalt so kurz wie möglich und angenehm für die Katze gestaltet werden.

§ 16 – Simulation der Katze
Die Katze erhält nie genug Aufmerksamkeit oder Futter. Um diesen Missstand zu kompensieren, darf sie gegebenenfalls leichte Anflüge von Krankheiten simulieren und/oder ohne Ankündigung leidvoll umfallen.

§ 17 – Verteilung von DNA-Rückständen in Wohnheimstätten
Der Katze ist es gestattet, ihr Fellkleid überall, immer und in großen Mengen in der für den Bediensteten vorgesehenen vorübergehenden Wohnheimstätte zu verteilen. Dies schließt alle darin befindlichen Gegenstände, Sachen und Personen ein.

§ 18 – Verteilung von DNA-Rückständen außerhalb der Wohnheimstätte
Es ist zulässig, den in *§ 17 – Verteilung von DNA-Rückständen in Wohnheimstätten* erwähnten Fellabwurf an mobilen Gegenständen und Sachen anzubringen, deren Eigentümer nicht die Katze aber deren Bediensteter ist, um so gegebenenfalls die außerordentliche Verteilung der Haare an außerhalb der Wohnheimstätte befindlichen Gegenständen, Sachen und Personen umzusetzen.

§ 19 – Schadensfälle bei Dritten
Die Katze kann rechtlich nicht belangt werden, sollte es bei der praktischen Umsetzung von *§ 18 – Verteilung von DNA-Rückständen außerhalb der Wohnheimstätte*

zu menschlichen Kollateralschäden kommen. Es ist ausschließlich der direkte Verursacher der Verteilung außerhalb der Wohnheimstätte zu belangen.

§ 20 – Vertragliche Regelungen mit anderen Tierarten

Die Katze hat andere Tierarten vornehmlich mit dezenter Zurückhaltung zu ignorieren. Bedienstete anderer Tierarten haben dafür Sorge zu tragen, dass sich nicht näher bezeichnete Tiere jederzeit den Bedürfnissen der Katze anpassen.

§ 21 – Stimmliche Signalwirkung von Katzentieren unter sich

Die Katze hat für Recht und Ordnung in ihrem Revier zu sorgen. Bei Grenzüberschreitungen durch fremde Katzen ohne vorherige Kontrolle hat die heimische Katze sofort lautstark ein Warnsignal zu geben. Hierbei spielt es keine Rolle, ob bereits Nachtruhe gilt.

§ 22 – Einsatz von Waffen in Gefahrensituationen

Bei akuten Gefahrensituationen hat die Katze all die ihr zur Verfügung stehenden Waffen zum Einsatz zu bringen. Die Beurteilung, ob es sich um eine Gefahrensituation handelt und welche Waffen im Einzelnen zur zweckmäßigen Bestimmung in Nutzung genommen werden müssen, obliegt alleine der Katze.

§ 23 – Beurteilung von Arbeitsbedingungen des Bediensteten

Die Katze hat Maßnahmen zu treffen, damit ihr der Bedienstete stets zur Verfügung steht. Die geplanten Unternehmungen des Bediensteten sind dabei immer niedriger zu priorisieren als die der Katze. Diese Bestimmung soll zusätzlich unter Anwendung der *§§ 24 ff.* umgesetzt werden.

§ 24 – Umgang mit Aushilfsbediensteten in Abwesenheit des Hauptbediensteten
Die Katze hat nur in Ausnahmesituationen der Abwesenheit ihres Bediensteten zuzustimmen. Dies sind u. a. Dienstreisen zum Zweck der Steigerung des Wohlbefindens der Katze. Die Aushilfsbediensteten sind vorher genauestens über ihre Tätigkeit zu belehren und einzuarbeiten.

§ 25 – Regelmäßige Notfallübungen
Um sich der stets geltenden Alarmbereitschaft des Bediensteten auch in Notfallsituationen zu versichern, hat die Katze regelmäßige Notfallübungen durchzuführen. Hierbei ist im speziellen *§ 23 – Beurteilung von Arbeitsbedingungen des Bediensteten* zu beachten.

§ 26 – Nutzung der sozialen Medien
Die Katze hat das Recht, ihrem Bediensteten jederzeit die Nutzung von sozialen Netzwerken durch Umherlaufen auf der Tastatur zu untersagen. Ansonsten hat der Bedienstete immer und überall Bilder von der Katze und Berichte über sie zu veröffentlichen.

§ 27 – Darstellung der Katze in sozialen Medien
Die Katzengemeinschaft hat dafür Sorge zu tragen, dass hörige Bedienstete ohne besonders starken eigenen Willen die sozialen Medien mit Informationen fluten, um anderen Bediensteten vorzugaukeln, sie würden über die Katzen mit autoritären Maßnahmen zu regieren wissen.

§ 28 – Darstellung des Bediensteten in der Öffentlichkeit
Der Bedienstete soll in den Medien generell immer als skurril und befremdlich präsentiert werden. Dadurch ergeben sich eine sogenannte Randgruppenerscheinung und die daraus resultierende soziale Einschränkung der persönlichen Entfaltung. Dieser Umstand ist von der Katze eigennützig ausnutzen.

§ 29 – Nebenbeschäftigungen des Bediensteten
Die Katze hat sich in jede Angelegenheit und Handlung ihres Bediensteten einzumischen. Besonders gilt dies, sollte sich der Bedienstete mit Kleinteilen, großen Planen aus Papier oder Stoffgewebe und/oder Fäden, Seilen und Garnen beschäftigen.

§ 30 – Individuelle Zusammenstellung und kollektiver Austausch
Die Katze hat ein Anrecht auf kreative Gestaltung von Kratz- und Schlafmöbeln sowie den Wänden der Wohnung ihres Bediensteten. Dabei soll der Bedienstete immer für ausreichende Sicherheitsmaßnahmen und Funktionalität sorgen.

§ 31 – Zusammenschlüsse und andere Gruppierungen
Die Katze sieht es nicht als zweckmäßig an, dass ihr Bediensteter in sogenannte Gruppierungen/Vereine/Clubs aufgenommen wird. Dies würde nur einen Zeitverlust zu ihren Ungunsten bedeuten. Es ist ausdrücklich darauf zu achten, dass, sollte der Bedienstete dennoch auf einen Beitritt dieser Art bestehen, ausschließlich sein Zeitkonto belastet wird.

§ 32 – Aufnahme von weiteren Katzen in eine bestehende Gemeinschaft
Generell ist der Aufnahme von weiteren Katzen in der eigenen Wohnung beziehungsweise in Haus und Garten nicht zu widersprechen oder aber der Widerspruch muss sehr ausführlich begründet sein. Jedoch sind der neu zugezogenen Katze eine ausführliche Mitbewohnervereinbarung und die Verhaltensrichtlinien direkt beim Einzug vorzulegen.

Abschnitt 1
ALLGEMEINES

§ 1 – Definition zur gottgleichen Gestalt der Katze

Die Katze als solche hat aus der Historie heraus das Recht, sich in ihrer Göttlichkeit verehren zu lassen. Unberührt bleibt dies von der irrtümlichen Annahme der Bediensteten, das wäre eine temporär befristete Auflage.

Kommentar:

Jeder, der in diversen sozialen Netzwerken unterwegs ist, wird früher oder später die nachstehenden Aussagen lesen, und das dann vermutlich gleich mehrfach:

»Im Altertum wurden Katzen als Götter verehrt. Das haben Katzen bis heute nicht vergessen.«

Auch sehr beliebt:

»Vor rund 2.000 Jahren hörte der Mensch auf, Katzen als Götter anzubeten. Nur hat das niemand den Katzen gesagt.«

Die Sache mit der Göttlichkeit oder das Katzentier als Göttin im alten Ägypten – eine unendliche Geschichte.

Um es auf den Punkt zu bringen: Beide Aussagen sind absolut korrekt. Aussagen sind es eigentlich auch gar keine, sondern eher feststehende Tatsachen. Zumindest für das Katzentier.

Als die Sache mit der Göttlichkeit des Katzentiers vor einigen Tausend Jahren im Alten Ägypten anfing, hatten sich das die Pyramidenbauer am Nil auch ein wenig zu leicht vorgestellt. Die haben doch wirklich gedacht, da reicht eine einzige Gottheit für das Katzentier. Weit gefehlt!

Aber beginnen wir unsere kleine Geschichtsexkursion in Sachen göttliches Katzentier am Anfang:

Vor plus/minus 5.000 Jahren fanden die Menschen in Unterägypten[2] Freude daran, das Katzentier oder zunächst

---

2 - Unterägypten (auch genannt Ta-mehu, Ta-mehet oder Qebehu; assyrisch: Muşur, Mişir) reicht vom Mündungsdelta des Nil ab Kairo bis zum Mittelmeer.

einmal den Löwen (bekanntlich auch nichts anderes als eine sehr große Katze) als Gottheit zu verehren und gaben ihr den Namen Bastet. Das sah das in Rede stehende Lebewesen noch ziemlich entspannt, und es gab wenig Aufregung.

Heute gilt der Löwe ja immer noch als recht majestätisches Vieh, oft sogar als König unter den Tieren, da war der frühe Pharaonenstaat schon ein echter Trendsetter.

Die Katzentiere bezeichnete man im Pharaonenstaat hingegen mit »miu«, der Kater wurde »miut« genannt, später wurde dann daraus »mau«. Diese Bezeichnung hat sich bis heute durchgesetzt. Unter den Rassekatzen gibt es beispielsweise die »Ägyptische Mau«.

Man hatte der Katze damals eine eigene Stadt, Bubastis[3] in Unterägypten, mit ziemlich vielen Tempeln, heiligen Bezirken, Kratzmöbeln und Kartons gebaut. Und ihr viele weitere Tempel quer durchs Land gewidmet, die bestimmt alle mit kartonähnlichen Gegenständen ausgestattet waren.

Doch das Katzentier wäre kein Katzentier, wenn es sich damit zufriedengegeben hätte.

Den Höhepunkt ihrer Beliebtheit feierte die Katze in der 3. Zwischenzeit des Alten Ägyptens, nämlich während der 22. Dynastie. Dieser Zeitabschnitt – von ca. 946 bis 713 v. Chr. – wird im Allgemeinen auch als Bubastidische Dynastie bezeichnet. In dieser für die Ägypter politisch recht unruhigen Zeit (es wurde von gleich mehreren Herren der Titel des Pharao proklamiert) verlegten die Pharaonen der Dynastie ihren Regierungssitz nach Bubastis. Vor allem, um sich damit durch ihre göttliche Abstammung beziehungsweise Verbundenheit zur Katzengöttin für den Thronanspruch zu legitimieren. Ähnliche Vorgehensweisen waren seit Jahrhunderten gang und gäbe gewesen.

---

3 - Bubastis (altägyptisch für Baset; auch: Per-Bastet) lag im südlichen Teil des östlichen unterägyptischen Nildeltas. Die Überreste der Stadt kann man heute am südöstlichen Rand der modernen Stadt Zagazig besichtigen.

In diesem Zuge sorgten die Pharaonen für einen regelrechten Bau-Boom und vergrößerten den heiligen Bezirk und die Tempelanlagen. Die Stadt wurde durch den (vorübergehend) dort angesiedelten Regierungssitz aufgewertet und erhielt noch mehr Zulauf von Pilgern.

Alle Katzentiere galten damals ausnahmslos als heilig und es war ein Kapitalverbrechen, Katzentiere zu töten. Ausnahme: Es handelte sich um eine sakrale Handlung in einer der heiligen Stätten, die der Katzengöttin geweiht waren. Eine durchaus sinnvolle Sache, welche allgemeine Zustimmung bei Katzentier-Bediensteten und natürlich den Katzentieren selbst fand.

So berichtet auch der griechische Historiker Herodot[4] in seinen Aufzeichnungen, dass sich Besitzer beim Tod des Katzentieres aus Trauer den Kopf schoren, die Tiere mumifizierten und sie unter großer Trauer und Klage zu einem Katzenfriedhof nach Bubastis brachten, um sie zu bestatten und ihnen die Reise ins Jenseits zu ermöglichen. Nicht zu vergessen, dass man den alten Mäusefängern sogar Spielzeug und auch gerne mal eine gezimmerte Kiste mit ins Grab legte. Der Katzenfriedhof wird seit dem Jahr 1978 mittels archäologischen Ausgrabungen katalogisiert, und man fand bereits mehrere Hundert mumifizierte Katzen und Tausende Katzenknochen.

Es wurden jährlich große Trauerzeremonien und Trauerfeste in Bubastis abgehalten. Der Historiker gibt dabei Besucherzahlen von bis zu 70.000 Menschen bei einem einzigen Trauerfest an.

Wie schon angedeutet gestaltete sich die Sache mit der Göttlichkeit und den einzelnen Göttern aber bald sehr viel schwieriger, da der Charakter des Katzentiers (egal, welche Größe es hat) eher komplex ist.

---

4 - Herodot lebte 490/480–424 v. Chr.

Auf der einen Seite ist das Wesen der Katze sehr sanft. Die versnobte Samtpfote ist und war andererseits nützlich und wichtig, weil sie getreidefressende Nager terminiert. Und Getreide war selbstredend auch lebensnotwendig für die antiken Bediensteten und Anbeter des göttlichen Katzentiers. Zu Zeiten von Kleopatra – welch Überraschung, ein bis heute gern verwendeter Katzenname[5] – war Ägypten die Kornkammer des römischen Reichs, das zu dieser Zeit nahezu alle Mittelmeerländer einschloss. Strenggenommen also hätte es für die Römer ohne Katzentiere echt eine harte Zeit geben können.

Das Katzentier sorgt von jeher für Ordnung im Revier, ansonsten schläft es eigentlich nur und sieht meist brav und niedlich aus. Diese Niedlichkeit dient jedoch als perfekte Überlebensstrategie für den Fall, dass eine Nager-Knappheit ausbricht und die Katze auf die Menge der Opfergaben in Form von Nahrung angewiesen ist.

Das Katzentier wusste damals bereits sehr genau, wie man das Leben genießt und hat dieses Wissen bis in die Neuzeit bewahrt. Daher wurden der Katzengöttin Bastet die besonderen Eigenschaften des Feierns, des Tanzes, der Musik und der Freude angedichtet. In diesem Zusammenhang beschreibt erneut Herodot ausschweifende Festivitäten in Bubastis und Memphis, wo Bastet ebenfalls verehrt wurde. So wurde der Partylöwe in seiner Begrifflichkeit geboren – der Legende nach, versteht sich natürlich.

Apropos geboren. Bastet war auch die Schutzgöttin der Geburten und Schwangerschaften. Nicht, dass das nicht schon eine Menge Arbeit für die göttliche Samtpfote gewesen wäre. Und jeder weiß ja, was Katzen für Arbeitstiere sind … Nee, die Ägypter mussten rasch leidvoll erfahren, dass ein Katzentier auch eine richtige Diva und

---

5 - In Hieroglyphenschrift enthält Kleopatras Name mehrere Symbole des Löwen. Daher wird die Königin vom Nil oft mit der Katze/dem Löwen in Verbindung gebracht.

Zicke werden konnte. Daher schickten sie ihre kinderlosen Frauen gerne auf eine heilende Pilgerfahrt nach Bubastis, um göttlichen Beistand zu erflehen und die divenhafte/zickige/unkooperative Göttin mittels Opfergaben gnädig zu stimmen.

Wissenschaftlich konnte noch nicht final geklärt werden, warum der Katze auch diese Eigenschaften zugesprochen wurden. Meine persönliche Theorie lautet ja, dass die antiken Tempelflitzer des Öfteren beobachtet haben, was eine Löwen- oder Katzenmutter so alles angestellt, wenn ihre Babys bedroht werden. Oder auch, was geschieht, wenn Katzentiere mal wieder die Fronten und Grenzen ihres Reviers klären möchten. Dank diesen Fähigkeiten bekam die ursprüngliche Bastet vor etwa 5.000 Jahren nämlich gleich auch noch den Job als Wächterin über den Krieg und die Heilkunde verpasst.

Fertig ist die umfangreiche Aufgabenbeschreibung einer Katzengöttin im ganz alten Ägypten. Für die Ägypter jedenfalls – nicht für das Katzentier.

In ihrer unnachahmlich freundlichen Art hat die Katze den sie verehrenden Menschen nämlich relativ schnell klargemacht, dass für diese ganzen Arbeiten die Anbetung einer einzigen Katzengöttin nicht angemessen ist.

Es mussten also mehr Katzengötter her. Das Katzentier an sich gibt sich schließlich nicht mit weniger als allem zufrieden, und es weiß genau, wie es das bekommt.

So haben sich die Ägypter seinerzeit entschlossen, der netten und lieblichen Katze Bastet das Partyleben und die Kartons zum Pennen zu lassen. Mit Sachmet als gleichberechtigte Katzengöttin fürs Grobe hat man dann die neu geschaffene Gottesstelle besetzt, in Gestalt einer eleganten aber sehr gefährlichen Löwendame. Die durfte die Feinde Ägyptens platt machen und wenn Re, seines Zeichens bekanntlich Team Leader der ägyptischen Göttermannschaft, mal keinen Bock mehr hatte, auch mal schnell die gesamte schlechte Menschheit auslöschen.

Zitat: »*Mein Pfeil verfehlt sie nicht. Ich bin Sachmet, die Macht hat über eine Million von Gegnern. Ich schieße gegen alle Feinde des lebenden Falken, des lebenden Vogels, des Horus zweimal.*«[6]

Damit hat sich Sachmet den Titel »Großes Göttliches Arschlochkatzentier« eindeutig verdient. Wer sich das jetzt nicht auf Anhieb vorstellen kann, der rufe sich ins Gedächtnis, was unsere plüschigen Freunde mit ihren Spielzeugen anstellen. Oder mit den streichelnden Händen ihrer Bediensteten …

Dass ägyptische Katzengötter alle weiblich sind, scheint zudem mehr als nur Zufall zu sein. Auch die alten Ägypter wussten sicherlich, dass Wesen weiblichen Geschlechts einen beizeiten nicht so einfachen Charakter haben.

Warum es nur eine einzige Hundegottdarstellung mit einer sehr knappen Jobbeschreibung im alten Ägypten gibt, die sich gleich zwei männliche Götter teilen müssen, nämlich Anubis und Upuaut, lässt Spielraum für Spekulationen.

Zu viel Spielraum, daher lieber schnell zurück Bastet, Sachmet und Menhit.

Stimmt: Menhit hatte ich noch gar nicht erwähnt. Sie ist eine weitere Katzengöttin, war auch für den Krieg zuständig, und ihr Name bedeutet »Schlächterin«. Nicht gerade nett, oder? Bevor jetzt aber die Damenwelt den Aufstand probt und wegen ungerechter Behandlung von Frauen selbst in den Krieg ziehen will: Denken Sie mal daran, was das gemeine Katzentier so macht, wenn es eine Maus oder einen Vogel gefangen hat. Da wird das Tier als Feder-/Fellkugel durch die Gegend geboxt, gebissen, wieder ausgespukt, mit der Pfote durch die Luft geschleudert und vieles mehr. Oft bleibt dem Menschen da am Ende nicht viel mehr, als die Restbestände des Opfertiers zu entfernen. Und warum auch nicht? Jeder darf sehen, dass in dem

---

6 - Zitat aus Edfu, Tempelinschrift 1 Jh. v. u. Z., zitiert nach Regler-Bellinger;

niedlichen Plüschie, das gerade neben einem auf der Couch vor sich hin schnurrt, auch die dem Blutrausch verfallene Sachmet oder die Schlächterin Menhit schlummert.

Menhit wurde gar von Pharao Sethos I.[7] zur sogenannten Kronengöttin erhoben. Unter anderem findet man sie als Reliefdarstellung gemeinsam mit dem Herrscher abgebildet, samt der Beschreibung: »Sethos I., geliebt von Menhit«. Die Forschung geht davon aus, dass der Pharao im Glauben war, einige wichtige Schlachten aufgrund des Wohlwollens der Göttin für sich entschieden zu haben.

Da klingt zwar nett und freundlich, ist aber auch anders zu verstehen. Kein Glitzer, kein Regenbogenpups, der nach Flieder duftet. Nein, selbst die unangenehmsten Charaktere aus *Game of Thrones*[8] sind ein Kindergeburtstag dagegen. Der blutige Kampf ist schlicht und einfach die Natur des Katzentiers, das haben die Ägypter schon vor mehr als 5.000 Jahren herausgefunden. Genauso wie, dass der Charakter der Katze mehr als ein Gesicht hat und deswegen selbst ein Arschlochkatzentier ein Gott ist – immer.

Warum sich nun das Verhalten von Katzentieren und Dosenöffnern bis heute nicht geändert hat? Tja, warum sollte es das? Die Katze hat ihren Charakter so wenig geändert wie die die großen Pyramiden von Gizeh ihre Form. Und wir als die Dosenöffner, Bediensteten und ergebenen Diener haben ja eigentlich auch nie versucht, aus der Nummer rauszukommen. Zumindest nicht ernsthaft, oder?

---

7 - Pharao Sethos I. (1323–1279 v. Chr.) war ein altägyptischer Pharao der 19. Dynastie und der Vater von Ramses II.

8 - *Game of Thrones* (Erstausstrahlung im Jahr 2011) ist eine Fantasy-Serie des Pay-TV-Senders *HBO*. Sie basiert auf der Romanreihe *Das Lied von Eis und Feuer* (seit 1996) des höchst erfolgreichen US-Schriftstellers George R. R. Martin und gilt zu ihrer Zeit als die am öftesten illegal gestreamte Serie der Welt.

§ 2 – Definition des Katzentiers im (All-)gemeinen

Die Katze hat die Pflicht und das Recht, sich als unbeugsame und kaum erziehbare, elegante Gestalt ihren/m Bediensteten und Untergebenen zu zeigen. Die dieser Position angemessene Arroganz soll auch mit der eigenwilligen Ignoranz unterstützt und eingesetzt werden.

Kommentar:

Von den diversen Problemen im Alten Ägypten zu den Querelen der Neuzeit und den manchmal zweifelhaften Freuden des digitalen Zeitalters. Manchmal frage ich mich ja, ob die Menschheit immer mehr verdummt. Oder ob die Anhäufung mancher unterentwickelten Lebensformen in bestimmten Bereichen des Internets nur Zufall ist. Alternativ zu dieser wenig ermutigenden Grübelei könnte ich mir natürlich das Lesen von Kommentaren in sozialen Netzwerken abgewöhnen, aber dann hätte ich ja nichts, worüber ich mich aufregen könnte.

Gerade neulich wieder. Ich war wie so oft auf der Suche nach Inspiration für neue DIY[9]-Katzenmöbel, da bin ich über eine neue Katzen-Community-Webseite gestolpert.

DIY-Seiten schießen übrigens zurzeit aus dem Boden wie seinerzeit die Mobiltelefon-Läden. Wer ein wenig handwerklich geschickt ist, kann da jede Menge Inspiration finden. Wie aber bei jedem Tipp und Trick gilt hier auch die große Regel Nummer eins: Immer erst Hirn einschalten, bevor man Hand anlegt. Das schützt vor Verletzungen, einem leeren Geldbeutel und einem Riesenberg Frustration.

Die entdeckte Webseite sieht an sich professionell gestaltet aus. Sie will unter anderem hier und da hilfreiche Hinweise für Katzentier-Besitzer geben, und natürlich auch für solche, die es werden wollen. Statistisch gesehen ist zwar die Zahl

---

9 - DIY = Abkürzung für »Do It Yourself«

der Katzenbediensteten mit einer oder mehreren Katzen im Land seit dem Jahr 2010 von 9,32 Millionen auf 8,24 Millionen (Ende 2015) gesunken. Das bedeutet jedoch nicht, dass der Angebotsmarkt mitschrumpft – ganz im Gegenteil. 2015 stieg die Anzahl der Katzen-Webseiten um satte 9 % gegenüber dem Vorjahr. Dazu gehört auch die bezeichnete mit »Wertvollen Tipps für Ihre Katze«.

Zwei dieser wohlwollenden Ratschläge werden an diesem Tag prompt zu meinen persönlichen Katzentier-Bomben. Einer wird in Form eines 10-Punkte-Plans wiedergegeben.

Im Allgemeinen bin ich ja ein großer Freund von Punkteplänen und Checklisten. Doch habe ich den Anspruch, dass diese auch entsprechend gut abgefasst sein müssen und nicht seicht vor sich hinschubbern sollten wie im vorliegenden Fall. Aber ich möchte noch nicht alles verraten.

Der 10-Punkte-Plan rät mir zuallererst, immer in Waschmaschine und Wäschetrockner nachzusehen, ob da nicht vielleicht ein Katzentier drin liegt, bevor ich die Tür schließe und das Gerät in den arbeitenden Zustand versetze. Weil es doch ein weitverbreiteter Irrglaube sei, man könne Katzentiere maschinell waschen und trocknen, wie es schon einige Mitmenschen (meist) versehentlich getan haben.

Ja, das »meist« steht hier in Klammern. Es gab tatsächlich Menschen, die ihre Haustiere in eine Waschmaschine oder einen Wäschetrockner gestopft haben. Die Begründung eines Bürgers der Vereinigten Staaten von Amerika spiegelt erschreckend passend dazu den intellektuellen Stand dieser Menschen zu den Taten wieder: Es hätte sich in der Bedienungsanleitung kein Hinweis darauf gefunden, dass diese Geräte nicht zur Reinigung von Haustieren geeignet sind.

Einige Tiere haben die Tortur seinerzeit überlebt, andere nicht. Auf jeden Fall lohnte sich, eine Klage gegen den Hersteller der Haushaltsgeräte anzustreben, denn es galt wie so oft in den Staaten üblich, auf diese Weise Millionen abzugreifen. Ob das logisch, rechtlich und moralisch in Ordnung ist, muss jeder für sich entscheiden. Immerhin steht seitdem nun in jeder Bedienungsanleitung von Waschmaschinen und Trocknern, dass diese Haushaltsgeräte zur Reinigung von Menschen und Tieren nicht geeignet sind. In einigen wird sogar darauf hingewiesen, generell keine Babys, Kinder und Tiere zum Reinigen in die Waschmaschine zu sperren.

Lieber Leser, liebe Leserin, nur damit Sie es auch nochmal schwarz auf weiß nachlesen können und ich meiner Verantwortung als Ratgeber-Schreiberin gerecht werde, erwähne ich es explizit an dieser Stelle: Keine Menschen und keine Tiere in Waschmaschine und Trockner reinigen/trocken!

Ich mache an dieser Stelle einen großen Haken an das Thema und gelobe ebenfalls feierlich: keine Rundfahrten in den Trommelgeräten für Rasender Buddha und Rollmops. Da die genannten Maschinen unerreichbar fern im Keller stehen, wo weder Rollmops noch Rasender Buddha hinkommen, ist das auch weniger ein Problem.

Auch Nachbars-Katzentier Pirat mag keine abenteuerlichen und vor allem keine nassen Schleuderfahrten. Wenn er sich gelegentlich in den Keller verirrt, bevorzugt er eher den Platz auf dem Trockner, da die Maschine im Regelfall bei Nutzung eine angenehm zum Einschlafen anregende Wärme abgibt. Die leise Bewegung des Apparats tut das ihrige, um den Kater innerhalb von Sekunden wegpennen zu lassen.

Als Nächstes fordert mich der Ratgeber energisch auf, ich solle keine Fenster kippen und immer darauf achten, dass bei geöffneten Türen und Fenstern alles mit einem Kippregler beziehungsweise Fensterstopper gesichert ist.

Check, hurra! Fensterstopper sind ab Werk in meinen Fenstern eingebaut. Ich kippe Fenster allerdings weiterhin, zumindest, wenn es klimatisch für mich zulässig ist.

An sich ist der erwähnte Tipp durchaus ein guter. Katzentiere schaffen es immer wieder, sich in gekippten Fenstern »festzuhängen« und teilweise schwer zu verletzen.

Meine zum Glück nicht, da Körper- beziehungsweise Kopfumfang mit dem sehr kleinen Zwischenraum Fenster/Wand nicht kompatibel sind – dem heiligen Brekkie sei Dank. Rasender Buddha und Rollmops sind so plüschig, dass sie einfach gar keine Chance haben, sich auch nur ansatzweise an einem der gekippten Fenster in der gesamten Wohnung zu verletzen. Dazu haben die auch überhaupt keinen Bock, weil sie viel zu faul sind. Zudem ist eben der Kippspalt in Bezug zum Abstand der Fensteraussparung in der Wand so gering, dass ausnahmsweise auch ein Katzentier-Kopf oder gar eine Pfote nicht durchpasst.

Was offene Türen und Fenster angeht, finden übrigens nicht nur Katzentiere Verletzungen bei zuschlagenden Türen und Fenstern unangenehm, schmerzhaft und laut. Da sollte es selbstverständlich sein, gegebenenfalls Stopper anzuschaffen, einzubauen und zu nutzen.

Exemplarisch habe ich gerade kürzlich in der Wohnung eines befreundeten Katzentier-Bediensteten einen Fensterstopper mit »Katzenstopp« (ja, das heißt wirklich so!) eingebaut. Ergebnis: Das Katzentier ist wohlauf, ich habe allerdings einige Verletzungen davongetragen. Finger können sich nämlich besonders gut im Katzenstopp einklemmen. Aber Hauptsache, dem Katzentier geht es gut!

Nach dieser sinnigen Abhandlung wechselt der unfreiwillig komische und unterhaltsame Ratgeber, der sich wie eine Packungsbeilage liest, geografisch zu Küche und Bad. Der Herd ist böse, Putzmittel sind böse und Medikamente und Makeup sind sowieso böse. Ist nicht so, dass ich das nicht schon vorher wusste, aber danke nochmal fürs erwähnen. Aber hey … es gibt Menschen, denen muss auch schriftlich dargelegt werden, dass Haustiere und Kinder nicht in der Waschmaschine gereinigt werden können.

Also: *check* – endlich mal ein Tipp, der was für mich ist. Ich mag nämlich weder besonders gerne kochen, putzen finde ich auch nicht gerade unterhaltsam, Medikamente brauche ich nur, wenn ich krank bin, und Kranksein ist das absolute Negativ-Highlight. Und ich kann auch sehr gut darauf verzichten, jeden Morgen Kriegsbemalung fürs Büro aufzulegen.

Doch die große Enttäuschung folgt auf dem Fuße. Der *Reader's Digest* für Katzentiere hat das gar nicht auf diese Weise gemeint. Ich bin schwer enttäuscht! Man fordert mich stattdessen auf, darauf zu achten, dass die Katzentiere sich nicht auf den Herd setzen oder heimlich eine wilde Party mit einem gut gemixten und frisch gekochten Putzmittel-Medikamenten-Cocktail feiern. Außerdem möchte ich als der geneigte Bedienstete doch bitte darauf achten, dass die Katzen nicht rauchen, weder aktiv noch passiv, weil das so furchtbar ungesund ist. Und alle giftigen Pflanzen[10] sollten entfernt werden. Hier fehlt mir leider der Hinweis, welche typischen Hauspflanzen giftig sein können, aber gut. Ich entferne einfach jegliches Gewächs aus der Wohnung. Sonst bekommen die Katzentiere noch einen Drogenrausch, wenn sie sich ein Tütchen drehen. Oder alternativ eine Vergiftung, wenn sie das Zeug irrtümlicherweise fressen.

Dann keine Partys mit Suchtmittel für Rasender Buddha und Rollmops. Ihnen das zu erklären, wird bestimmt nicht einfach. Sie hatten schon ihren ganzen Kumpels Bescheid gegeben und für mich einen Wellness-Wochenendtrip gebucht … So ein Mist aber auch.

Als letztes No-Go wird mir unerfahrenem Katzentier-Bediensteten unter anderem geraten, ich möge doch bitte keine verschluckbaren Kleinteile in Katzentier-Reichweite aufbewahren, die die Samtpfote in der Hitze des Spielgefechts versehentlich fressen könnte.

---

10 - Tatsächlich hilfreiche Hinweise zu für Katzen giftigen Pflanzen: http://www.botanikus.de/Botanik3/Tiere/Katzen/katzen.html

Das ist der Moment, in dem ich nochmal nachschaue, ob ich wirklich auf einer Katzenseite gelandet bin und nicht auf einer für werdende Eltern. Aber nein, die Seite ist für Fellnasen-Besitzer gedacht. Die Tipps können aber auch problemlos auf Kleinkinder angewendet werden, wie mir eine Freundin, die gleichzeitig den Job Mama hat, versichert. Sie erzählt mir auch, dass der Warnhinweis auf geschlossene Toilettendeckel oder volle Badewannen mindestens genauso oft in Baby-Büchern auftaucht und in jedem guten oder weniger guten Ratgeber drin zu sein hat. Das scheint wohl eine Art Standard-Repertoire an Tipps zu sein, über die so ziemlich jeder vernünftige Mensch den Kopf schüttelt.

Das Argument meiner Freundin ist allerdings gut: Es gibt nicht nur vernünftige Menschen. Daher hält man lieber vorsorglich alle werdenden Eltern für genauso doof, genau wie alle Katzentier-Bediensteten.

Zu guter Letzt wird noch vor den Tücken von Plastiktüten gewarnt. Katzentier und auch Kind (und auch so mancher Erwachsene) können sich damit nämlich selbst ersticken. Okay, check. Sehe ich ein, aber stufe dieses Gefahrenpotential als gering ein. Zum einen gibt's die Tüten sowieso bald nirgends mehr, was ich sehr befürworte. Zum anderen habe ich mich persönlich PET-Einkaufstaschen und den guten alten Bast-Einkaufskörben von früher verschrieben. PET-Taschen bestehen aus recyceltem Kunststoff, sind schön bedruckt und nett anzusehen. Besonders wenn Rasender Buddha darin sitzt und sich stillvoll durch die Gegend tragen lässt. Und der Korb ist einfach zeitlos kultig und bietet genug Platz für den Plüschhintern der Katzentiere.

Ach ja: Wussten Sie eigentlich, dass Bastet (siehe *§ 1 – Definition zur gottgleichen Gestalt der Katze*) auch »Bast« genannt wird? *Bast*-Korb … Klingelt es?

Halt! Stopp! Ich habe prompt noch einen zweiten 10-Punkte-Plan zur Katzenerziehung entdeckt. Panik und Schweißausbrüche sind die Folge. Ich habe ja schon Probleme bei der Umsetzung des ersten, wie soll ich das dann noch mit einem weiteren wuppen? ***Sarkasmus aus***

Diese Liste will und kann ich nicht alleine lesen, also wird der Laptop im Wohnzimmer kurzerhand an das TV-Gerät angeschlossen, damit Rasender Buddha und Rollmops alles aus erster Hand erfahren. Ich hoffe sehr, dass wir den Plan gemeinsam umsetzen können, wo Katzentiere doch so schwer zu erziehen sind.

Es wird schon ab Punkt eins mit vielschichtigen Phrasen umhergeworfen. Sinngemäß wirft mir 1. gleich mal Unfähigkeit vor, nämlich mangelnde Erziehung in jungen Jahren. Ein erwachsenes Katzentier lernt angeblich nicht mehr. Damit sind meine beiden alten dicken Katzentiere aus dem Schneider und bekommen den Freibrief, die Sau rauszulassen. Jedenfalls von bezeichnetem Ratgeber. Nach einem etwas ausführlicheren Sechs-Augen-Gespräch und der Feststellung im Protokoll, wer hier Katzenfutter und Streu bezahlt, sind die Fronten geklärt und beide Katzentiere denken darüber nach, sich vielleicht hier und da doch noch etwas beibringen zu lassen.

Ich bin mit der Problematik zwar eher beim Menschen vertraut, aber genauso bei Katzentieren davon überzeugt, dass das Ganze nichts mit dem Alter, sondern nur mit der Umsetzung zu tun hat. Und tatsächlich, mit ausdauerndem Üben und immer wieder Versuchen sind auch Katzen durchaus in der Lage, etwas in ihrem späteren Leben aufzuschnappen. Immerwährende Ausdauer seitens des Bediensteten vorausgesetzt klappt es auch mit der Erziehung.

Damit kommt auch schon gnadenlos Punkt zwei auf der Liste. Man rät mir, mich nicht von den Katzentieren für dumm verkaufen zu lassen, sinngemäß gesprochen. Denn:

Wenn das Katzentier einmal gelernt hat (siehe da, hier können die Fellnasen laut dem Ratgeber dann wieder sehr gut lernen!), wie es mich als Bediensteten dressieren kann, wird das Zusammenleben mit ihm kompliziert.

Dieses tiefgründige Profiling haut mich aus den Socken. Buchstäblich, es fängt nämlich mit dem Hinweis an, dass ich meine Zehen nicht mehr als Jagd-Objekt präsentieren soll. Bei eventueller Gefangennahme meiner Gliedmaßen wird mir dringend angeraten, ja keine Bewegung zu tun. Es soll bloß nicht das Jagdverhalten angesprochen werden. (Gott sei Dank beißen Rollmops und Rasender Buddha grundsätzlich nicht gleich rein.) Dann begreift das Katzentier angeblich irgendwann, dass meine Arme/Beine/Hände/Finger/Zehen keine Beute sind. Dass bei diesem Prozess sehr wahrscheinlich die Beute, nämlich meine unbeweglichen Fußzehen, den »etwas« scharfen Krallen ausgesetzt sind, ist nur ein vorübergehender dezenter Negativeffekt.

Ich für meinen Teil habe ja eher die Erfahrung gemacht, dass die Katzentiere die Zehen irgendwann nicht mehr angreifen, weil es einfach langweilig ist und sie keinen Bock mehr haben. Immerhin gibt es genug Spielzeug, das weitaus spannender ist. Aber was weiß ich schon, ich als Laie könnte ja nie so einen Ratgeber schreiben.

Immerhin weist mich der zweite Ratgeber als Nächstes ausführlich darauf hin, dass Möbel wie Sofa, Stuhl oder Sessel kein Kratzbaum für Katzen sind. Als guter Katzentier-Bediensteter habe ich immer für ausreichend richtige und hochwertige Kratzmöbel zu sorgen.

Check – verdammt! Ich habe 7 verschiedene große Kratzmöbel in der Wohnung, plus diverse Schubberteppiche, auf denen wie Aladdin durch die Wohnung gerobbt wird. Und sollte eine Fellnase doch mal ein Möbelstück zum Abreagieren aufsuchen, kann ich eh nichts dagegen machen. Katzentiere haben schließlich kein Unrechtsbewusstsein, und meine sind ja sowieso in ihrem Alter nicht mehr erziehbar. Somit würde eine Strafe, die sicherlich inkonsequent mit einem netten Ton ausgesprochen wird, sich als total nutzlos erweisen.

Mich kann nach dieser Lektüre so schnell jedenfalls nichts mehr schocken.

Doch dann lese ich ihn, den Universaltipp schlechthin: Füttern Sie Ihr Katzentier immer zuerst! Damit erspare ich mir angeblich Betteleien am Tisch. Das Katzentier kommt dann überhaupt nicht auf die Idee, mit an den Esstisch zukommen, und das würde dem Bediensteten die Versuchung erleichtern, das Katzentier mit für Menschen gedachten Lebensmitteln zu versorgen.

Also: Zunächst kommen die Katzen bei mir immer zuerst. Ich tappe morgens wie ein Beißer aus *The Walking Dead*[11] in die Küche, ran an die Trockenfutter-Box, und nehme mein ganzes Orientierungsvermögen zusammen, um eine Schippe von dem Zeug in den Fressnapf zu bugsieren. Komme ich abends von der Arbeit heim, bekommen die Katzentiere zuerst Streicheleinheiten, dann Fresschen, und während die Fellnasen schmausen, reinige ich die Katzentier-Toilette.

Meine Katzentiere sitzen trotzdem mit am Esstisch, jeder auf seinem Stuhl neben mir, und haben absolut keine Ambitionen, sich irgendeins meiner Lebensmittel einzuverleiben. Egal, ob da Wurst, Käse, Schnitzel, Fisch, Leber, Käsekuchen oder sonst was steht. Ist dann wohl doch so eine Art Erziehungssache, etwas, was ich den Katzentieren beigebracht habe, als sie schon erwachsen waren. Das hat allerdings immer nur so gut funktioniert, weil Rasender Buddha und Rollmops diesen super-duper Katzentier-Ratgeber nicht gelesen haben. Ab jetzt sind meine schönen Zeiten offenbar vorbei, weil sie ja jetzt wissen, dass sie nicht mehr erziehbar sind ...

---

11 - *The Walking Dead* spielt hauptsächlich in der Metropol-Region von Atlanta im US-Bundesstaat Georgia und erzählt die Geschichte einer kleinen Gruppe Überlebender nach einer weltweiten Zombie-Apokalypse.

Man muss den Autoren von solchen Ratgebern ja zugutehalten, dass sie tatsächlich helfen wollen, damit Bedienstete besser mit ihren Katzentieren auskommen. Bedauerlich daran ist, dass solche Tipps und Ratschläge selbstverständlich sein sollten. Waschmaschinen haben geschlossen zu sein, Fenster sind auf Sicherheit zu prüfen, giftige Pflanzen sollen sofort aus dem Haushalt entfernt werden und auch Medikamente sind am besten immer in einem extra Schrank aufzubewahren. Alles weit weg von den geliebten Katentieren – und auch von kleinen Kindern.

Wer mit einem wachen Auge, etwas gesundem Menschenverstand und ein wenig Gespür für Tiere gesegnet ist, braucht so einen Ratgeber nicht. Leider weisen die Kommentare diverser Community-User in unzähligen Ecken des Internets darauf hin, dass es gerade beim gesunden Menschenverstand etliche Mangelerscheinungen gibt.

All diese Stilblüten hier aufzuzählen, würde den Zeichenbedarf für drei Bücher decken – erschreckenderweise. Aber einige Online-Highlights, unter anderem die Verleihung des »Goldenen Alu-Napfs« sind in *§ 5 – Das Nahrungsbedürfnis* zu finden. Ich verweise an dieser Stelle freundlich darauf.

§ 3 – Definition und Wahl des/der Bediensteten
Der Bedienstete beziehungsweise Untergebene, umgangssprachlich auch »Dosenöffner« genannt, wird stets von der Katze ausgesucht, niemals umgekehrt.

Kommentar:

Das Katzentier sucht sich immer den Besitzer aus. Das ist in diesem Fall einmal keine Richtlinie, sondern eine Tatsache.

Es war einmal … äh … nun, vor so einigen Jahren, als ich noch dunkle Kleidung tragen konnte und nur einmal pro Schaltjahr eine Fusselrolle gekauft habe. Damals, als ich noch kein Bediensteter, Dosenöffner oder auch persönlicher Leibeigener zur Fellpflege war. Irgendwann dieser Zeit »vor Katze« kam ich auf die Idee, dass in meinem Leben etwas Plüschiges fehlt und ein Stubentiger her muss. Und das Ganze zeitnah, nicht, wie damals für mich üblich, in einer Zeitspanne von 6 Monaten bis 3 Jahre.

Die Idee reifte und reifte, ich las immer mehr über Katzenhaltung, gerade über die Haltung in Single-Haushalten unter Berücksichtigung einer Vollzeitarbeitsstelle. Die Ratgeber und das Internet waren sich relativ einig darüber, dass man bei reinen Wohnungskatzen die Anschaffung von zwei Tieren in Betracht ziehen sollte. Das Katzentier an sich ist zwar ein Individuum, aber nicht damit automatisch ein Einzelgänger. Zoologisch definiert man Lebewesen als Einzelgänger beziehungsweise als solitär, welche nur die Nähe zu Artgenossen suchen, um sich fortzupflanzen. Das ist bei den wenigsten Hauskatzentieren der Fall.

Und nein, bitte an dieser Stelle kein Geschrei wegen der Haltung als Wohnungskatze. Auch bei Freigängern wurde in der Fachliteratur davon gesprochen, dass die

Anschaffung von mehr als eine Katze nicht falsch wäre. Sicher, der Freigang ist für das Katzentier ein Gewinn an Lebensqualität. Aber ich persönlich kann zum Beispiel dem Katzentier keine Möglichkeit bieten, selbstständig die Wohnung zu betreten oder zu verlassen. Außerdem spielt der Straßenverkehr eine nicht unerhebliche Rolle. Die negative Erfahrung, an einer Bundesstraße zu wohnen und ein Katzentier als Freigänger bei sich wohnen zu lassen, hat sich in Form eines Kindheitstraumas tief ins Gedächtnis gebrannt. Niemand möchte sein Katzentier morgens auf dem Weg zur Schule überfahren auf der Straße finden.

Auch gewisse Menschen, die der Meinung sind, dass das Katzentier doch viel besser in ihre eigene Wohnung passen würde und dieses einfach mitnehmen, waren ausschlaggebende Gedankengänge für die Entscheidung »Wohnungskatze«.

Wenn es nach mir ginge, hätte ich zwischenzeitlich zudem bestimmt schon fünf oder sieben Katzentiere. Um jedoch allen Fellnasen gerecht zu werden und ihnen die nötige Pflege zukommen zu lassen, müsste ich mir einen anderen Job suchen. Vielleicht wird der 1. Staatliche Bürstenträger ja irgendwann einmal als Ausbildungsberuf anerkannt oder ich könnte es zumindest beim Fiskus geltend machen. Dann wäre meine Bude voll mit Katztentieren. Solange es aber eine solche Position nicht gibt oder man in Bubastis nicht Bedienstete für die Neueröffnung des heiligen Katzentier-Tempels sucht, bleibe ich bei der Anzahl von zwei Plüschies.

»Zwei Katzentiere besorgen« lautet also der Plan. Zunächst wurde standesgemäß die nächste *Futternapf*-Filiale gestürmt, um schon mal die Grundausstattung zu erstehen. Neben einer kleinen Bevorratung an Futter durften natürlich Bürsten, Näpfe, Spielzeug, Decken, Körbchen und noch mehr Spielzeug nicht fehlen. Nachdem der Kaufrausch beendet war und ich um eine dreistellige Summe ärmer aber glücklich, ging es an die Suche nach den Hauptdarstellern.

Im Prinzip konnten die Katzentiere ja nun einziehen, die Ausstattung war vorhanden.

Zu diesem Zeitpunkt war ich noch der irr(sinn)igen Annahme, ich würde zeitnah zwei zu mir passende Plüschies finden. Die rund 500 Tierheime deutschlandweit sind immerhin zu jeder Zeit voll, legitime Statistiken sprechen von durchschnittlich 70.000 Katzentieren, die allein pro Jahr im Heim landen. Schaut man in das regionale Anzeigenblättchen, findet man zudem immer einige Katzentier-Liebhaber, deren Plüschies Nachwuchs erwarten. Und dann hat zumeist auch noch mehr als eine Person im Bekanntenkreis gerade »Mini-Mes[12]« seiner Katzentiere bei sich rumtoben.

Tja, was soll ich sagen: Dies alles trifft bewiesenermaßen nur dann zu, wenn ich gerade *keine* Fellnase bei mir aufnehmen möchte.

Kaum begebe ich mich damals auf die Suche, gibt es keinen einzigen Freund, Verwandten oder Bekannten, der Katzentiere loswerden will, und in den Kleinanzeigen versucht man ausschließlich, Hundebabys ans Herrchen zu bringen. Daher entscheide ich mich für den allerersten Plan und schaue mich in den umliegenden Tierheimen um. Das wäre doch gelacht.

Ausgestattet mit einer Liste von im Umkreis liegenden Institutionen samt Öffnungszeiten mache ich mich auf den Weg zu Tierheim Nr. 1. Dort hat man gerade nur ein paar wenige Katzen, was äußerst selten sei, so der sehr freundliche und bemühte Mitarbeiter. Leider sind keine zwei Tiere dabei, die sich so gut miteinander vertragen, dass man sie als reine Wohnungskatzen in der gleichen Lokation halten könnte. Der nette Mann bemerkt mit nicht zu überhörender Ironie, dass es natürlich theoretisch schon möglich wäre, aber ich sollte dann mit explodierenden Renovierungskosten rechnen.

---

12 - Mini-Me ist eine Figur aus den *Austin Powers*-Filmen (1999–2002), eine Miniatur-Ausgabe des Bösewichts.

Ich bedanke mich höflich und mache mich am nächsten Tag zu Tierheim 2 auf.

Hier gibt es gleich jede Menge Katzentiere. Unvorstellbar viele sogar, die wohl noch von Weihnachten »übrig« sind; auch unzählige Hunde, Hamster und Hasen warten auf neue Besitzer. Wir haben gerade März, nebenbei bemerkt. Ja, bekomme ich von der anwesenden Mitarbeiterin erklärt, dieser momentane Bestand setzt sich tatsächlich aus Tieren zusammen, die als unüberlegte Geschenke unter dem Christbaum angeschafft wurden und nur so lange süß waren, bis sie größer wurden.

Liebe Leserinnen und Leser: An der Stelle dieses humoristischen Ratgebers ein großer, durchaus sehr ernst gemeinter Apell von mir: TIERE SIND KEINE GESCHENKE! Weder zu Weihnachten, noch zum Kindergeburtstag, noch weil das Kind gerade irgendein Tier in einem Film[13] *toll fand oder weil man gerade einsam ist. So eine Anschaffung will genau überlegt sein. Tiere wachsen, verursachen Kosten und verlangen einem Zeit und Mühe ab.*

Alleine das Tierheim Düsseldorf hat im Jahr 2015 genau 3.023 Tiere aufgenommen. Das ist eine von mehr als 500 »öffentlichen« Einrichtungen. Unberücksichtigt sind bei all diesen traurigen Statistiken sogar noch die privaten Tierschutzorganisationen und Pflegestellen.

Zurück im Tierheim Nr. 2 bei meiner enthusiastischen Suche nach Fellnasen:

Wir gehen durchs Katzenhaus, ich frage, ob sie ein Pärchen haben, nach Möglichkeit noch nicht so alt. Farbe, Rasse und Größe wären mir egal. Das war mein erster Fehler, wie mir später erst bewusst wurde – ich habe nach jungen Tieren gefragt.

---

13 - Beispiel: Bei Veröffentlichung des Films *101 Dalmatiner* (1996) stieg der Absatz von Dalmatiner-Welpen um 300 %.

Ich bekomme zu hören, dass die meisten Besucher immer nur junge und gesunde Tiere haben möchten, sich aber niemand der alten und kranken annehmen würde. Also ändere ich meine Anfrage auf ein Katzenpärchen, welches sich verträgt und nach Möglichkeit nicht gleich die Bude auseinandernehmen würde.

Ja, da haben sie welche, sogar 3 Pärchen. Super, denke ich mir, da ist bestimmt was für mich dabei.

Paar 1: Muttertier mit Halbstarkem. Klingt ja schon mal gut. Stinknormale Katzentiere, grau getigert, sie vertragen sich untereinander … Nur leider vertragen sie sich so überhaupt nicht mit Menschen, wird mir erklärt. Ich frage, inwiefern sich eine Katze nicht mit Menschen vertragen kann. Darauf bekomme ich zerkratzte Arme präsentiert. Man dürfe die Tiere nicht anfassen, ansonsten sehe man von ihnen außer zu den Fütterungszeiten nicht viel. Ich müsste sehr, sehr viel Zeit investieren und am besten mal ein paar Tage oder Wochen zuhause bleiben, dann würden sie sich schon an mich gewöhnen.

Generell ist es ja zu empfehlen, einige Tage mit neu eingezogenen Katzentieren zu verbringen, aber gleich Wochen? Wie wird das mein Arbeitgeber aufnehmen, wenn ich eine berufliche Auszeit nehme, um Katzen an mich zu gewöhnen, während andere in dieser Zeit die Welt umsegeln würden?

Okaaaaaaaay, das lasse ich erst mal auf mich wirken und mir Paar zwei zeigen. Ein älterer Perser-Mix mit einer pechschwarzen, kleinen, grünäugigen zierlichen Diva als Begleitung. Ein sehr knuffiges Pärchen, die gut mit sich und mit ihren Dosenöffnern auskommen. Der ältere Herr hat aber Diabetes und braucht eine spezielle Diät und Tabletten.

So weit, so gut. Die Diät bekomme ich sicher hin, und die Tabletten beziehungsweise die notwendigen regelmäßigen Tierarztbesuche sind bereits im Katzenbudget eingeplant.

Die schwarze Diva hat aber die Diagnose Krebs. Laut dem Tierheim-Tierarzt ist dieser operabel mit einer 50:50-Chance auf Heilung.

Nun gut, das würde bedeuten, dass das Budget sehr knapp wird. Was aber sicherlich einen noch größeren Knacks nehmen wird, ist der allgemeine seelisch-moralische Zustand im Haushalt, wenn es die arme Katzendame doch nicht schafft. Zum einen werde ich leiden und zum anderen der ältere Kater. Immerhin ist dann seine Freundin nicht mehr da, und dem brauche ich dann auch nicht mit einem Jungtier anzukommen. Das wäre zu viel für den Senior.

Also lasse ich mir Paar Nr. 3 vorführen. Zwei junge Erwachsene, ein Roter und ein Grauer. Weder gestört noch todsterbenskrank. Wurden wegen unüberlegter Anschaffung nach den Weihnachtsferien abgegeben. Sind wirklich zwei ganz Hübsche. Einer kommt schon mal schnüffeln. Ja, ich glaube mit diesem Pärchen kann es was werden.

Die Tierheim-Dame findet es zwar schön, dass sich etwas Passendes ergeben hat. Aber der folgende Monolog über die Oberflächlichkeit mancher Menschen, sich nur für die gesunden und zugänglichen Katzentiere zu interessieren, ist doch sehr dramatisch. In epischer Breite wird mir nochmals ein schlechtes Gewissen gemacht, weil ich mich nicht für die Kranken oder Verhaltensgestörten entschieden habe. Diese armen Tiere bekämen ja nie nur den Hauch einer Chance.

Hm, so ganz Unrecht hat die Frau ja nicht. Aber ich möchte eigentlich keine Tiere, die nur zum Füttern kommen oder, wenn ich sie gerade so richtig ins Herz geschlossen habe, über die Regenbogenbrücke gehen.

Weiter habe ich gehörigen Respekt davor, mir bewusst Pflegefälle ins Haus zu holen. Die Sache mit dem in Vollzeit berufstätig Sein ist manchmal doch nicht so einfach. Mein persönliches Ziel ist es, den Tieren ein Zuhause zu geben. Und nicht, sie nach ein paar Wochen wieder im Tierheim abgeben zu müssen, da ich die benötigte Pflege nicht leisten kann. An dieser Stelle muss ich einfach realistisch bleiben.

Das erkläre ich auch der Dame, sehe aber deutlich, dass sie mit mir nicht hundertprozentig einer Meinung ist. Auf der anderen Seite möchte ich nicht wissen, mit welch grenzdebilen Menschen, die Tiere adoptieren möchten, die Kollegen aus so manchem Tierheim es sonst zu tun haben. Sicher sind da einige gute Beispiele darunter, warum einige Menschen weder Kinder noch Tiere anvertraut bekommen sollten.

Es bleibt jedoch dabei: Trotz des Versuchs, mich davon zu überzeugen, eines der schwerer vermittelbaren Tiere zu nehmen, entscheide ich mich für Paar 3.

Wir gehen also ins Büro und der Papierkrieg geht los. Ich bekomme den zu unterschreibenden Vertrag zur Überlassung der Katzentiere zum Durchlesen.

Aha, ich muss Tierheim-Mitarbeiter ohne Voranmeldung zu Kontrollzwecken in meine Wohnung lassen, steht da. Ich frage, wie das Tierheim dazu kommen würde, so eine Klausel aufzunehmen. Man hätte da so seine Erfahrungen gemacht, ist die ausweichende Auskunft, und ich lese weiter. Der Rest besteht quasi aus Standardfloskeln, bis ich zur Vermittlungsgebühr komme. Da ist doch ein ziemlich stolzer Betrag angeführt. Ich frage, ob der für beide Tiere gilt.

Nein, natürlich sei das die Gebühr pro Katze. Immerhin habe ein Tierheim viele Kosten, und diese Gebühr würde bei weitem nicht die Kosten decken, welche »mein« Paar verursacht hätte. Zudem diene sie dazu, eine weitere, eine monetäre Hürde zu schaffen, um leichtfertige Anschaffungen zu vermeiden.

Den Ansatz finde ich gut, der Gedanke geht definitiv in die richtige Richtung. Aber … ich lasse niemanden ohne Voranmeldung einfach so in meine Wohnung. Gesetzlich kann ich selbst durch Verträge dazu schwerlich verpflichtet werden[14]. Außer, der Einlassverlangende hat zufälligerweise einen Durchsuchungsbefehl in der Hand oder ist in persona

14 - Das Hausrecht ist geregelt im Bürgerlichen Gesetzbuch, §§ 858 ff., 903 1004 BGB und ebenfalls im deutschen Grundgesetz, Art. 13 Unverletzlichkeit der Wohnung.

Benedict Cumberbatch[15]. Der dürfte selbstverständlich mit oder ohne Voranmeldung eintreten.

Fakt ist: Tierheime haben chronisch zu wenig Geld und zu wenig (ehrenamtliches) Personal und investieren in einige Tiere sicherlich Beträge im Vierstelligen Bereich, aber im Gegenzug gleich hohe Gebühren aufzurufen wie es seriöse Züchter für Rassetiere tun, hilft nicht zwingend, die Fellnasen in ein schönes Zuhause zu vermitteln.

Im Nachhinein bin ich bei Recherchen auf die Gebührenordnung des Tierschutzvereins München gestoßen. Dieser hat, wie ich finde sehr vorbildlich, sowohl eine klar strukturierte Tabelle als auch den zu unterschreibenden Vermittlungsvertrag veröffentlicht. So kann der baldige Bedienstete sich bereits im Vorfeld genau informieren und wird nicht überrollt, so wie ich damals. Dies aber nur als Einwurf.

Damals hätte kein Weg daran vorbeigeführt, den Vertrag zu unterschreiben und damit alle Bestandteile zu akzeptieren. Nach ein paarmal tief Ein- und Ausatmen gebe ich die Formulare und Verträge zurück. Als ich versuche, meine Beweggründe zu erklären, warum ich das so einfach nicht tun möchte, steigt der Grad des Unverständnisses meines Gegenübers ins Maßlose. Nach ein paar Sätzen muss ich einsehen, dass wir auf keinen gemeinsamen Nenner kommen. Daher bedanke mich für die Zeit und erkläre, dass ich leider solche Vertragsbedingungen nicht annehmen kann. Die Mimik spricht Bände, aber es wird unkommentiert akzeptiert, und ich werde höflich verabschiedet.

Auf dem Nachhauseweg und auch die nächsten Tage überlege ich, ob ein bisschen weniger (unbewusster) Druck für den in Frage kommenden zukünftigen Dosenöffner dafür

---

15 - Benedict Cumberbatch ist ein britischer Schauspieler, bekannt durch seine Darstellung des Sherlock Holmes in der *BBC*-Serienproduktion *Sherlock* (seit 2010), seine Rolle als Drache Smaug in den *Der Hobbit*-Filmen (2012-2014) und als Dr. Stephen Strange in *Doctor Strange* (2016) aus dem *Marvel Cinematic Universe*.

sorgen würde, dass die Tiere eher ein neues Heim finden würden. Aber das Personal muss ja nicht nett zu Menschen sein. In erster Linie müssen sie nett zu den Tieren sein.

Gerade nach dem letzten Erlebnis habe ich mich trotzdem schlecht dafür gefühlt, mich für das unproblematische Paar entschieden zu haben und habe danach wirklich wochenlang überlegt, ob es generell eine clevere Idee war, sich Katzen anschaffen zu wollen. Es gibt so unglaublich viele kranke und bedürftige Tiere, die man nicht alle retten kann, dann vielleicht besser gar keins? Nein, den Kopf in den Sand zu stecken, ist auch keine dauerhafte Lösung. Verplant und verpeilt eiere ich die nächsten Tage durch die Gegend und weiß einfach nicht, was ich machen soll.

Dann habe ich einen wiederkehrenden Geistesblitz und schaue noch einmal ins lokale Käseblatt. Wenn es schon nicht mit dem Tierheim klappt, dann vielleicht mit einem Geschwisterpärchen aus einem Haushalt, der gerade einen Wurf hat. Und tatsächlich entdecke ich eine Anzeige, die mich neugierig macht. Im Über-über-übernächsten Ort gibt es eine Familie, die Britisch-Kurzhaar-Katzentiere züchtet.

Für den Laien: Das sind jene Katzen aus der Werbung, die immer so schmusig um die Beine herumstreichen, bis es Fresschen gibt.

In der Anzeige steht »Platz vor Preis«, und nachdem ich ja bereits die Abgabegebühren dieses einen Tierheims kenne, bereite ich mich auf ein ähnliches Niveau vor, als ich den Kennlerntermin vereinbare.

Bei der Züchterin angekommen, werde ich erst mal von einem zierlichen, kleinen schwarzen Katerchen beschmust. Wie ich später erfahre, ist der Katzentier-Mann mit mehr als 17 Jahren die älteste Katze im Haushalt und der Chef der Gang.

Die freundliche Züchterin erklärt mir, dass sie gerade einen neuen Wurf hat, der in zwei Wochen zur Abgabe bereit sei. Auch hat sie noch ein Pärchen von erwachsenen

Katzentieren, von dem sie sich schweren Herzens trennen müsse, da sich die Katzentier-Dame mit den anderen nicht mehr versteht.

Zuerst schaue ich mir die Babys an. Süß sind die alle, auch die Katzeneltern. Sie bestehen nur aus Fell und Augen. Aber irgendwie springt der Funke nicht über, und auch die kleinen Fellnasen sind noch so damit beschäftigt, ein Pfötchen ordentlich vor das andere zu setzen, dass sie keine großartige Notiz von mir nehmen.

Danach bekomme ich das Pärchen gezeigt und denke mir nur: *Wow* – was für tolle Katzen. Der Kater ist riesig und total verschmust, einfach der Hammer.

Die Katze ist bildschön aber eine Zicke. Sie mag mich nicht. Und, wie mir die Besitzerin erzählt, wenn sie jemanden nicht mag, bekommt er/sie das zu spüren. Die zwei großen müssen leider separiert in ihrem (geräumigen) Zimmer bleiben, weil es sonst Mord- und Totschlag mit den anderen Miezen geben würde. Ja, auch die beiden tun mir leid, aber ich habe bei der Katzendame einfach kein gutes Gefühl. Beziehungsweise kann man durchaus realistisch behaupten, dass sie mich einfach nicht leiden kann. Ein Katzentier sucht sich bekanntlich seinen Bediensteten aus, nicht umgekehrt. Und ich wurde nicht in den engeren Bewerberkreis der Bediensteten aufgenommen.

Okay, also wieder ein fehlgeschlagener Versuch, mir ein Katzentier-Pärchen anzuschaffen. Es soll anscheinend nicht sein, dass ich eine verrückte Katzenlady werde. Die Züchterin sagt, dass so was schon mal passiert. Sie lädt mich noch ein, mit ihr eine Tasse Kaffee zu trinken. Damm würde ich auch nochmal den kleinen schwarzen Schmusekater sehen.

Jup, Kaffee ist immer gut und auch, wenn ich wieder alleine nach Hause fahre: Katerchen kraulen geht immer.

Wir sitzen also mit der restlichen Schar aus Katerchen und drei anderen Katzentieren (die wegen der Katzenbabys,

Kitten[16] genannt, aus der 1. Etage verbannt worden sind und im Erdgeschoss bleiben müssen) in der Küche, um noch ein bisschen zu tratschen. Ohne Vorwarnung hüpft einer der drei anderen Kater auf den Tisch und schaut mich mit großen bernsteinfarbenen Augen an.

Klecks heißt der Halbstarke, erfahre ich, und mit seinem Bruder Kilian ist er noch vom vorherigen Wurf »übrig«. Genau in diesem Moment zuckt das plüschige Pfötchen und legt sich auf meine Hand, gefolgt von einem Miauen, das ermuntert, Streicheleinheiten zu verteilen. Dieser Aufforderung komme ich doch gern nach, da gleich von Katzentierseite mit viel Köpfchen gearbeitet wird. Nein, er löst keine mathematischen Formeln für mich, sondern da wird mit dem Kater-Kopf überall angedotzt, wo es nur geht. Gefolgt von einem tiefen Bariton-Schnurren.

»Na, ich glaube, du bist gerade ausgesucht worden«, bekomme ich zu hören.

Ja, dem muss ich zustimmen. Der kleine Plüschie-Mann (bereits so groß wie eine durchschnittliche Hauskatze) lässt sich sogar noch umfallen und sich genüsslich das Bäuchlein kraulen. Jaaaa, jaa, schon gut! Brauchst nicht gleich alle Register zu ziehen. Ich nehme dich ja mit.

Klecks hätten wir also schon mal verarztet. Aber was machen wir mit Kilian? Der sitzt etwas bedröppelt neben meinem Stuhl. Jedenfalls so lange, bis er die Handtasche entdeckt. Ich habe zwar keinen Reisekoffer, aber doch eine ausreichend große Tasche für die wichtigsten Dinge. Leider ist sie für den Kater zu klein. Finde ich jedenfalls. Trotzdem versucht dieser, mir das Gegenteil zu beweisen. Irgendwann kapituliert dann die Tasche und rutscht von der Stuhllehne. Sie liegt auf dem Boden und der kleine Dicke eingerollt drauf. Alles klar.

---

16 - Kitten ist die Bezeichnung für Katzenbabys. Der Begriff wurde aus dem Englischen von den meisten in Zuchtverbänden agierenden Züchtern in Deutschland (gewerblich und Hobbyzucht) übernommen.

Folglich geht's auch hier ans Eingemachte. Wir sprechen erst mal über den Preis … Gut, dass ich sitze. Puh, eine stolze Summe, die da pro Katze aufgerufen wird. Das sage ich auch der Züchterin, die verständnisvoll nickt. Ja, Rassekatzen sind kaum preislich ein Schnapp. Und wenn sie es sind, stimmt meistens etwas nicht mit den Tieren.

Auch hier eine sehr ernst gemeinte Bemerkung: Liebe Leserinnen und Leser, bevor es weiter im Text geht, eine große Bitte. Spielen Sie mit dem Gedanken der Anschaffung eines Rassetieres, schauen Sie nicht zuerst auf den Preis! »Billig-Angebote« sind nahezu immer unseriös. Es gibt eine mafiaartige kriminelle Gemeinschaft, die sich darauf spezialisiert hat, das schnelle Geld mit solchen Tieren zu machen. Diese werden allzu oft viel zu früh vom Muttertier (das dazu meist nur als Geburtenmaschine »verheizt« wird) getrennt, nicht richtig mit den ersten lebensnotwendigen Impfungen versorgt oder haben Krankheiten. Oft sind die Welpen/Kitten krank, nicht wenige sterben in den ersten Monaten. Unterstützen Sie diese kriminellen Machenschaften nicht!

Das Argument verstehe ich, aber solange die Gelddruckmaschine im Keller nicht legalisiert werden kann, ist es echt eine zu hohe Marke. Ich sage der Züchterin, dass ich da noch eine Nacht drüber schlafen muss und wir morgen telefonieren.

Gesagt, getan. Ich habe mir die halbe Nacht Gedanken gemacht, das Konto befragt und das Budget durchgerechnet. Beim besten Willen, zwei Plüschies gehen einfach nicht. Ich rufe die Züchterin an und sage es ihr. Wir reden noch ein bisschen – dann macht sie mir unerwartet ein unmoralisches Angebot. Ich darf die beiden mitnehmen, zum Preis von einem.

Fast spucke ich den Kaffee, den ich gerade trinke, quer über den Tisch und erkundige mich, warum denn das. Nun, wie die Dame mir erklärt, sind die zwei die letzten aus dem vorherigen Wurf. Je älter sie werden, desto schwieriger wird das mit dem Vermitteln (die beiden sind jetzt 10 Monate alt), außerdem sollen sie nach Möglichkeit zusammenbleiben.

Ja, das sind für mich gute Argumente. Wir verabreden uns nochmal am Nachmittag, um über den Papierkram zu reden, denn auch hier muss ich einen Vermittlungsvertrag unterzeichnen. Auch die Züchterin möchte gerne mal vorbeikommen und sich das neue Heim ansehen. Klar, sage ich, kein Problem, aber bitte zumindest eine Stunde vorher anrufen, ob jemand zuhause ist.

Ja, sagt sie, sie meldet sich immer mindestens einen Tag vorher, schließlich ist sie ja nicht die Polizei. Die Einstellung finde ich gut.

Wir schließen besagten Vertrag ab, und dann möchte ich die Katzen in die mitgebrachte Transportbox packen. Betonung liegt auf möchte. Die beiden sind viel zu groß. Oder die Box zu klein. Ich hatte ja am Beginn eher mit normalgroßen Hauskatzentieren gerechnet. Man kann sich jetzt aussuchen, ob die Box zu klein ist oder die Kater zu groß, aber beide Tiere bekomme ich da auf keinen Fall rein.

Der Züchterhaushalt ist zum Glück super ausgerüstet. Mir nichts, dir nichts taucht da eine Riesenbox auf, in der ich bis dato einen mittelgroßen Hund untergebracht hätte, aber keine Katzen. Für mich überraschend gehen die beiden gleich rein und legen sich schlafen. Ja, alle Katzen bekommen bei der Züchterin von klein auf beigebracht, dass die Box nicht böse ist. Sie gibt mir als Tipp mit, eine Transportbox immer in der Wohnung offen stehen zu lassen und nicht nur rauszuholen, wenn es zum Tierarzt geht. Dann klappt das auch mit dem Einpacken des Katzentiers. Außerdem darf ich die große Box prompt behalten. Die hat sie mal auf einer Ausstellung gewonnen, aber keinen Bedarf mehr. Ich freue mich wie ein Keks. Die zwei Kater und eine Transportbox werden ins Auto verladen. Und das, wo ich mir überhaupt keine Hoffnungen mehr darauf gemacht habe, jemals ein Katzentier bei mir haben zu dürfen.

Danach wird noch ein ausgiebiger Abschiedskrauler gemacht und die Züchterin trauert nun doch ein wenig. Wir wollen morgen auch nochmal telefonieren, sie will ja wissen, wie die erste Nacht war und ob wir drei miteinander klarkommen.

Nun, aus heutiger Sicht kann ich ruhigen Gewissens behaupten, dass wir gut klarkommen. Die Katzentiere lassen mich in der Wohnung leben und fordern als Tribut lediglich viel Liebe, Streicheleinheiten und noch mehr Futter und Leckerchen. Seit fünf Jahren stellen die beiden NerdCats mein Leben auf plüschige Art auf den Kopf.

Ende gut, alles gut.

Abschnitt 2
Verbraucherrichtlinien

§ 4 – Darreichungsform von Grundnahrungsmitteln

Die Katze hat dem Bediensteten immer klar mitzuteilen, welche Nahrungsmittel ihrem tagesaktuellen Anspruch entsprechen. Sollte der Bedienstete diesen strengen Richtlinien nicht nachkommen, ist dies entsprechend durch die Katze anzuzeigen. Ferner hat der Bedienstete stets für ausreichende Sauberkeit des Essensplatzes zu sorgen.

Kommentar:

Jeden Tag das gleiche Ritual. Kaum ist der Bedienstete in der Nähe der Vorratsschublade für das Futter, wird ein unglaubliches Konzert veranstaltet.

Die armen Katzentiere bekommen anscheinend keine ausgewogene Kost in ausreichender Menge, keine Liebe, und generell beschäftigt man sich mit ihnen viel zu wenig. Rollmops fährt jedenfalls regelmäßig auf seine komplette gottesgleiche Größe von 120 cm aus und hängt mit einer Pfote an der Theke der Küchenzeile. Ohne Rücksicht auf Verluste. Faszinierend ist dabei das dramatischste »Miau«, das er auf Lager hat. Wissenschaftliche Untersuchungen haben bei miauenden Katzen, die nach Futter verlangen, eine Lautstärke von bis zu 80 Dezibel gemessen. Das entspricht in etwa der Lautstärke eines angelassenen PKW aus 10 Meter Entfernung.

Nachgemessen wurde die Lautstärke bei Rollmops noch nicht, aber die Dezibel-Angaben bewegen sich meines Empfindens nach durchaus im realistischen Bereich. Es ist ein unglaublich langgezogenes Geräusch mit wechselnden Höhen und Tiefen, einer Spur Panik, viel Befehlston und einer Menge Ansporn zur Eile.

Rasender Buddha hingegen versucht, die Zubereitungszeit zu verkürzen, indem er dem Bediensteten seine zugegebenermaßen sehr scharfen Krallen in die Hosenbeine haut.

Meistens schafft er es durch den Stoff direkt in die Wade oder auch in den Oberschenkel – ganz nach Tagesform.

Bis jetzt konnte den Katzentieren noch nicht vernünftig vermittelt werden, dass diese Handlungen eher für Verzögerungen sorgen und nicht hilfreich sind, wenn es schneller gehen soll. Nach einem klärenden kurzen 6-Augen-Gespräch können im Normalfall alle Parteien beruhigt werden. Der Bedienstete bereitet weiter das Dinner zu, und die Katzentiere werden sich dafür etwa weitere 45 Sekunden in Geduld üben. Hat leichte Ähnlichkeit mit dem Krümelmonster[17] aus der *Sesamstraße*[18], dem man zu erklären versucht, dass die Kekse noch nicht fertig sind.

Habe ich es schließlich geschafft, das Nassfutter in den Napf zu bringen, ist nur noch die Hürde des Kredenzens zu nehmen. Die Herausforderung ist dabei, nicht durch die um die Beine streichenden Katzentiere zu Fall gebracht zu werden. Ist auch diese Quest erfolgreich abgeschlossen, herrscht gefräßige Stille, nur durch das laute Schmatzen der Katzentiere unterbrochen.

Dies allerdings nur, sofern das angebotene Futter auch mundet. Manchmal klappt das, und innerhalb kürzester Zeit ist alles Aufgetischte weggesaugt.

Manchmal klappt es leider auch nicht. Dann sitzen zwei sehr beleidigte Katzentiere vor dem Napf und starren abwechselnd diesen und den Bediensteten an. Immer wieder, als würde sich so das verschmähte und ungeliebte Futter in ein Kilo Leberwurst oder Pudding verwandeln. Der Hinweis des Bediensteten, dass heute keine weiteren Alternativen auf dem Speiseplan stehen, wird mit einem sehr missbilligenden Blick zur Kenntnis genommen,

---

17 - Das Krümelmonster ist ein liebes großes Monster mit blauem Fell und rollenden Augen aus der Kinderserie *Sesamstraße*. Es will immer und überall Kekse essen. Sein Schlachtruf: »*Keeeeeksssseee*!«

18 - Die Kinderserie *Sesamstraße* existiert seit 1969. Sie gilt als eine der erfolgreichsten Produktionen für Kinder im Vorschulalter.

gefressen wird aber nichts. Stattdessen wird drei- bis vierhundertmal der Napf umrundet. Das obligatorische Zuscharren wird in die Länge gezogen und ein kleines Würgegeräusch abgelassen. Ja, Katzentiere können ihren Unmut durchaus deutlich zeigen, wenn sie gesteigerten Wert darauflegen. Führen diese Verhaltensmuster zu keinem zufriedenstellenden Erfolg, werden einzelne Brocken aus dem Napf in der Küche verteilt. Diese gleichen sehr unangenehmen Tretminen, und es dauert eine Weile, bis nackte Füße, Schuhe und Boden wieder gereinigt sind.

Gegebenenfalls hilft der Versuch, ein paar Leckerchen unter das verschmähte Futter zu mischen und dieses nochmal hinzustellen? Wenn sie wollten (und davon, dass sie es können, sind wir alle fest überzeugt!), würden die Miezen den Teller jetzt mit einem geschickten Pfotenhieb quer durch die Wohnung katapultieren. Tun sie aber nicht, es wäre Zeit- und Energieverschwendung. Hier sind Katzentiere außerordentlich effizient. Stattdessen gehen sie einfach. Mit hocherhobenem Kopf und Schwanz, es gilt ja, einen Ruf zu verteidigen.[19]

Hat aber alles geklappt und der exquisite Gaumen des Katzentiers ist mit der angebotenen Nahrung zufrieden, läuft die Raubtierfütterung fürs Erste – es sollten alle glücklich sein.

Hier und da wird nur eins der Katzentiere pfotengreiflich, wenn das andere den Kopf zu lange im Napf hat, sonst ist alles relativ friedlich, und größere körperliche Auseinandersetzungen bleiben aus. Der Mitfresser wird dann eben sanft aber bestimmt zur Seite geschoben. Es scheint alles in bester Ordnung.

Wäre da nicht der Dosenöffner, der eher mit Verzweiflung auf den Futterplatz, alternativ auch das Schlachtfeld

---

19 - Vergleiche als Anschauungsmaterial:
Feed Me von Cartoonkünstler *Simon's Cat* auf www.youtube.de.

genannt, schaut, welcher etwa einen 150 cm großen Durchmesser angenommen hat.

Es ist eine sonderbare Eigenheit, dass es Katzentiere immer wieder schaffen, ihr Futter auf dem gesamten Küchenboden zu verteilen, manchmal auch noch bis ins Esszimmer. Das hat auch keine Ähnlichkeit mit den Tretminen von vorhin. Die kann man wenigstens auf Anhieb sehen, vorausgesetzt der Bedienstete schaut vor Betreten der Räumlichkeiten auf den Boden. Bei einer zufriedenen Mahlzeit aber werden daraus viele kleine Brocken und Krümel, die sich sehr gut auf der marmorierten Bodenplatte der Küche tarnen.

Die beiden Katzentiere fangen dabei grundsätzlich genau dort an, wo der Napf und die Unterlage aufhören. Gierig wird sich an einem Fleischbrocken festgebissen, der dann genau 1 cm vom Ende des Unterlegers entfernt fallen gelassen wird. Sollte der eroberte Brocken sogar bis ins Esszimmer getragen werden, muss es wohl daran liegen, dass der Dosenöffner vor etwa einer halben Stunde den Boden gewischt und staubgesaugt hat.

Der Maulinhalt wird also zunächst mit engelsgleicher Anmut ausgespuckt. Dann wird er genüsslich verspeist, zumindest der Großteil. Die Krümel munden dem besonderen Katzentier-Gaumen weniger. Oder es entspricht einfach nicht den Vorschriften für die Nahrungsaufnahme von Katzentieren, diese mit zu vernichten.

Muss es auch nicht, dafür gibt es ja den Dosenöffner, der schon im Hintergrund mit Reinigungsutensilien darauf wartet, dass das Abendfresschen als beendet erklärt wird und er saubermachen kann, bevor das Futter antrocknet.

Je nach Tagesform aller Beteiligten klappt das mal schneller, mal langsamer. Alternativ wird das Abendessen schon mal unterbrochen, um einen Zwischenputzgang einzulegen. Es passiert schließlich eventuell, dass überraschend ungeplanter Besuch kommt, da muss das Katzentier gut aussehen.

Kritisch wird das Ganze, wenn der Bedienstete mit seiner eigenen Nahrungsaufnahme beginnen möchte. Da wird dann das bis eben noch leckere Futter augenblicklich ignoriert. Stattdessen positionieren sich beide Katzentiere strategisch clever vor dem Schrank, sodass niemand Kochutensilien herausnehmen kann. Gelingt es dem Bediensteten doch, einen Topf zu ergattern, sitzt meist Rollmops dann im Schrank und bewacht seinen Schatz. Im Klartext: Egal was man tut, es ist immer falsch.

Sind die Katzentiere weitestgehend zufrieden und sattgefressen, gehen sie sich ordentlich putzen.

Durchschnittlich putzen sich Katzentiere zwischen 210-225 Minuten am Tag. Rollmops und Rasender Buddha verbrauchen mindestens 60 % dieses stolzen Putzzeitkontingents direkt nach dem Essen. Nun ist dieses Verhalten zwar wie erwähnt das untrügliche Zeichen für den Bediensteten, dass die Reinigungsarbeiten der Küche gestartet werden können. Damit dies allerdings nicht ganz zu einfach wird, wird noch ein wenig in den Futterresten herumgescharrt und der Dosenöffner liebevoll angerülpst. Muss wohl eine Art Kompliment sein. Oder ein Zeichen totaler Verachtung. Es könnte auch das finale Startsignal sein, dass man jetzt wirklich mit dem Reinigen beginnen kann. Wahrscheinlich liegt die Wahrheit irgendwo dazwischen.

So oder so, der Bedienstete beginnt mit dem Putzen, was aus zunächst gebührendem Abstand kritisch beobachtet wird. Kurz darauf sind aber auch die dabei verwendeten Gegenstände furchtbar interessant, denn das Katzentier hat diese vorher noch nie, wirklich niemals (!) gesehen. Sei es der Küchenpapierrollenhalter oder der nasse Lappen, der für die erste grobe Reinigung benutzt wird. Alles furchtbar spannend.

Wird dann noch die Spülmaschine geöffnet, um den Fressnapf darin zu verstauen, sind die beiden Katzenhelden des Alltags endgültig außer Rand und Band. Rollmops springt zunächst mal auf die Klappe. Gut, dass die Scharniere echt stabil sind, denn 7 kg Katze am äußersten Rand müssen erst mal gehalten werden. Fasziniert beobachtet das Katzentier, wie der Einsatz für die Teller herausgezogen wird und der Napf in dem großen Dunkel verschwindet. Mit viel gutem Zureden und dezentem Schieben des Fellpopos kann Rollmops davon überzeugt werden, dass ab jetzt nichts Spektakuläres mehr zu beobachten ist.

Rasender Buddha zeigt sich hingegen entsetzt drüber, dass der Futternapf entfernt wurde und kein Ersatz vorhanden ist. Er wird nun einen grausamen Hungertod sterben. Jedenfalls in dem Moment, als er sich theatralisch umfallen lässt. Das sinnbildlich erschossene Katzentier sondert noch ein lautes Miau ab, ehe es bewegungslos verharrt.

Der freundlich gemeinte, höfliche Hinweis auf eine volle (!) Schüssel delikates und exklusives Trockenfutter nur einen Meter weiter wird selbstredend ignoriert. Es ist einfach viel zu schön, sich katzentierartig in Selbstmitleid zu suhlen.

Dem Bediensteten bleibt zunächst nichts anderes übrig, als die Drama-Queen zu ignorieren, irgendwann muss die Küche ja auch mal sauber sein. Das gefällt dem Katzentier noch weniger. Mit entschlossenen Schritten, die an eine kleine Dampflok erinnern, wird der Weg zur Katzentoilette angetreten. Das bald darauf folgende lang andauernde Scharr- und Kratzgeräusch strotzt nur so vor Protest und Unwillen, und der Bedienstete weiß, dass er gleich dort weiterputzen kann.

Nein, hier wird zum Glück nicht aus Protest vor die Toilette gemacht, es werden lieber die fiesen kleinen Streuteilchen aus der Bütte befördert und überall verteilt.[20] Der am weitesten geschleuderte Katzenstreu-Krümel wurde

---

20 - Siehe hierzu den ausführlichen Kommentar zu *§ 12 – Nutzung von Sanitäranlagen und deren Pflege.*

genau 4,89 m von der Katzentoilette entfernt gemessen.

Der Bedienstete nimmt es gelassen und bedient sich der elektrischen Haushaltshilfen. Was bleibt ihm sonst übrig? Dafür wurden Staubsauger immerhin erfunden. Und der Katzentier-Angestellte macht es schließlich gerne, sonst hätte er diese Rolle nie freiwillig (in den meisten Fällen) übernommen.

Außerdem: Geht es dem Katzentier gut, geht es uns Bediensteten ebenfalls gut. Was will man mehr?

§ 5 – Das Nahrungsbedürfnis

Unter Hinzuziehung von § 4 – Darreichungsform von Grundnahrungsmitteln *ist bei vermehrt fehlerhaften Handlungen die Katze durchaus dazu angehalten, ihren Mageninhalt unter entsprechender Geräuschkulisse ihrem Bediensteten zu präsentieren. Es wird dringend angeraten, auf eine vollwertige Nahrung zu achten.*

Kommentar:

Viele Bedienstete von Katzentieren im weitesten Sinn – nennen wir sie mal spontan die Katzenmuddis – sind bei dem Thema Futter ähnlich anstrengend wie bei ihrem eigenen Essen. Entnehmen kann man das diversen *Facebook*-Gruppen, *Twitter* oder einschlägigen eigenen Miezen-Foren.

Gerade die sozialen Medien machen das ja seit vielen Jahren sehr einfach: Da wird schnell und bequem um Rat gefragt, anstatt einfach ein Etikett zu lesen oder im Zweifel das große Orakel von *Google* zu bemühen. Das können ja die Menschen tun, die man gefragt hat. Das nennt man Hilfsbereitschaft, halten die Fragenden fest. Die Antwortendenden bezeichnen es alternativ als Faulheit.

Die Schilderung des Anliegens wird oft mit Bildern unterlegt, um das Anliegen ausreichend zu erklären. Doch gibt man einen ehrlichen Kommentar dazu ab, gilt generell, dass man überhaupt keine Ahnung hat (offenbar ganz gleich, was man schreibt), ja, sogar ein bösartiger Tierquäler ist. Überhaupt hat man es gar nicht verdient, hauptberuflich Bediensteter des Katzentiers zu sein! Und das nur, weil man nicht die gewünschte Antwort gegeben hat.

In der Katzenmuddi-Community gibt es gleichzeitig noch Untergruppierungen, die sich in ihren Ansichten bezüglich der Fütterung gänzlich widersprechen und sich überhaupt nicht leiden können. Eine Parallele aus dem Alltag: Viele Menschen mögen Fußball, aber beileibe nicht jede Mannschaft. So ähnlich ist das hier auch.

Da gibt es zum einen die Muddis, die schwören auf das Futter vom Discounter. Bei dem stimmt nämlich das Preis-/Leistungsverhältnis, und die Muddis haben sich die Zusammensetzung ganz genau angeschaut und viele Marken verglichen. Das ist alles total super! Egal welche Eigenmarke, egal welcher Discounter – es handelt sich um hochwertige gute Nahrung. Und die Hersteller, die für die gleiche Dosengröße beziehungsweise deren Inhalt das Vier- bis Fünffache nehmen, sind Kapitalistenschweine, Abzocker und Globalisierungsbefürworter. Das stand übrigens sogar in einem Magazin, in dem halt immer so Tests und Vergleiche gemacht werden. Die in Rede stehende Muddi blieb allerdings den Nachweis schuldig, einen Link oder einen Scan des betreffenden Tests zu posten. Daher war es schwierig, ihre Thesen vollständig nachzuvollziehen. Was steckt also hinter dem Lobgesang?

Zunächst glaube ich an einen Grundsatz, der das Thema Preis/Leistung im Allgemeinen angeht:

»*You get what you pay for*«

oder auf gut Deutsch:

»*Wer billig kauft, kauft zweimal*«

Sicher besteht die Möglichkeit eines guten Angebots, bei dem das Preis-/Leistungsverhältnis sowohl für mich als Kunden als auch für meine Katzentiere als Nutznießer exzellent ist. Dann wird der Einkauf durchaus mal günstiger. Diese Preisknüller dürften aber allein von der wirtschaftlichen Seite gesehen nicht auf Dauer existieren. Auch Hersteller, Firmen und Verkäufer leben nicht vom Draufzahlen oder von Luft und Liebe.

An dieser Stelle möchte ich auch anmerken, dass ich zum Teil die verworrene Discounter-Katzenmuddi-Denkweise nachvollziehen kann. Um die Ecke denken, das tue ich jeden Tag in meinem Beruf, wenn ich Prozesse analysiere, um dabei Probleme zu lösen, von denen bisher noch niemand überhaupt wusste. Dennoch ist diese Denkweise eher skurril, beinhaltet eine Spur zu viele Verschwörungstheorien; und einige Argumentationen entziehen sich jeglicher Plausibilität.

Was mir etwa immer ein Rätsel bleiben wird, ist die Sache mit dem Globalisierungsbefürworter. Das merke ich in besagter Diskussion auch an und frage mal in die Discounter-Katzenmuddi-Selbsthilfegruppe hinein, woher man den diese allumfassende Weisheit hätte.

Na, ist doch logisch, lasse ich mich belehren. Das Futter könne doch nur so billig angeboten werden, weil die Transportwege so gering wären. Außerdem steht doch eine deutsche Firma auf der Dosenbanderole. (Anm. d. Red.: Die Bezeichnung wurde geändert, da die Originalbezeichnung der Autorin im Forum, »Dosenzettel«, missverständlich ist.) Offensichtlich wäre ich ein bisschen doof, weil ich so was fragen müsse.

Leider besteht aber ein finaler Verkaufspreis nicht nur aus Transportkosten, sondern sind diese im Regelfall nur ein Teil der Nebenkosten des Produkts und machen im Endeffekt bei dieser Art von Ware zwischen 5 und 10 % des Preises aus.

Äh und … och ja … ich arbeite seit mehr als 10 Jahren in Vertriebs- und Marketingabteilungen. Wenn auf einem Produkt die Wald-Und-Wiesen-Vertriebs GmbH steht, kann ich ziemlich sicher davon ausgehen, dass das nur eine Tochterfirma ist, die für den Discounter einkauft und nicht unbedingt der Hersteller im eigentlichen Sinne. Ein kurzer Blick auf die Webseite des in Rede stehenden Unternehmens bestätigt meine Vermutung. Und aufgrund eines Vermerks irgendwo bei den Produkten und nach etwa fünf weiteren Minuten der *Google*-Recherche weiß ich, dass die eigentliche Produktion in Taiwan angesiedelt ist – zumindest die von gerade jener Marke eines Discounters, die als lobendes Beispiel der Katzenmuddi dient.

In diesem Zusammenhang nachfolgend mal ein kleiner Vergleich dreier Nassfutter-Sorten im realistischen Discounter-Test:

	Produkt 1 »Teuer«	**Produkt 2 »Mittelklasse«**	**Produkt 3 »Discounter«**
Durchschnittlicher Preis für 200 g-Dose[T1] Nassfutter	2,73 € (13,65 €/kg)	0,79 € (3,91 €/kg)	0,17 € (0,84 €/kg)
Dt. Niederlassung/ Inverkehrbringer[T2]	Ja	Ja	Ja
Produktionsstätten/ Land	• Aimargues, Südfrankreich • Cambrai, Nordfrankreich • Johannesburg, Südafrika • Rolla, USA • Descalvado, BRA • González Catán, ARG • Dimitriow, RUS • Castle Cary, GB • Niepołomice, Polen • Guelph, Kanada • Shanghai, China	• Bremen, D[T3] • Hattem, NL	Made in Taiwan

T1 - Teilweise händisch errechnet, da es keine Verpackungseinheit mit exakt 200 g käuflich zu erwerben gibt; Preisermittlung erfolgte im Durchschnitt mit Hilfe der Preisangaben des Onlineportals *idealo.de*.

T2 - Das Inverkehrbringen betrifft nach § 3 Nummer 1 Lebensmittel- und Futtermittelgesetzbuch (LFGB) das Bereithalten von Lebensmitteln oder Futtermitteln für Verkaufszwecke, einschließlich des Anbietens zum Verkauf oder jeder anderen Form der Weitergabe – gleichgültig, ob unentgeltlich oder nicht – sowie den Verkauf, den Vertrieb oder andere Formen der Weitergabe (vgl. auch Art. 3 Nummer 8 der Verordnung (EG) Nr. 178/2002).

T3 - Standort laut https://www.saturn-petcare.de/standorte.html?&L=

T4 - Inhaltsstoffe entnommen von https://www.fressnapf.de

T5 - Benotungsschema: Von 100 Befragten antworteten 100-91 Personen mit »Sehr gut«, 90-81 Personen mit »Gut«, 80-71 mit »Befriedigend«, 70-61 mit »Ausreichend« und 60 oder weniger Personen mit »Mangelhaft«.

T6 - 6-8 kg sind das besondere Kampfgewicht von Rollmops und Rasender Buddha.

	Produkt 1 »Teuer«	Produkt 2 »Mittelklasse«	Produkt 3 »Discounter«
Inhaltstoffe des Futters[T4]	Analytische Bestandteile • Protein: 9 % • Fettgehalt: 3,2 % • Rohasche: 1,2 % • Rohfaser: 0,8 % Zusammensetzung • Fleisch • tierische Nebenerzeugnisse • Getreide • Fisch • Fischnebenerzeugnisse • pflanzliche Eiweißextrakte • Mineralstoffe •pflanzliche Nebenerzeugnisse • Öle/Fette • Zucker Feuchtegehalt • 81,00 %	Analytische Bestandteile • Protein: 11,5 % • Fettgehalt: 6,5 % • Rohasche: 1,8 % • Rohfaser: 0,5 % • Taurin: 0,8 g/kg Zusammensetzung • 65 % Rind (Leber, Lunge, Herz, Euter, Niere) • Calciumcarbonat Feuchtegehalt • 79,0 %	Analytische Bestandteile • Protein: 7 % • Fettgehalt: 4,5 % • Rohasche: 2 % • Rohfaser: 0,2 % Zusammensetzung • Fleisch • tierische Nebenerzeugnisse (4 % vom Rind) • Getreide • Mineralstoffe • Zucker Feuchtegehalt • 82 %
Verträglichkeit bei Katzentieren	Der Bedienstete gibt eine Verträglichkeit von »gut«[T5] an.	Der Bedienstete gibt eine Verträglichkeit von »gut« an.	Der Bedienstete gibt eine Verträglichkeit von »gut« bis »befriedigend« an.
Beliebtheit bei Katzentieren	Der Bedienstete gibt die Beliebtheit mit »gut« an.	Der Bedienstete gibt die Beliebtheit mit »gut« an.	Der Bedienstete gibt die Beliebtheit mit »gut« bis »befriedigend« an.
Empfohlene Alleinfuttermenge für ein 6-8 kg[T6] **schweres Katzentier**	ca. 340 g	ca. 335 g	ca. 400 g
Gesamtfutterkosten täglich	4,64 €	1,33 €	0,34 €

Ich bin ja manchmal ganz gerne ein Gefahrensucher und auch ein bisschen lebensmüde. Obwohl ich mir irgendwann mal in einem anderen Universum geschworen habe, keine Internet-Trolle mehr zu füttern, beschreibe ich angeführten Vergleich in der laufenden Diskussion. Und bemerke noch, dass der vielzitierte Test von Discounter-Futter eigentlich ein genereller Futtertest war, bei dem überhaupt nur zwei Discounter-Produkte relativ gute Bewertungen hatten. Dass man daraus nicht pauschal auf jedes Produkt in jeder Discounterkette schließen kann, und denken, dass dieses genauso gut ist. Wäre das Gleiche, wenn jede Nuss-Nugat-Creme total super wäre, nur weil es zufälligerweise *Nubecha* auch ist.

Katzenmuddi ist jetzt endgültig außer Rand und Band. Ich wäre doch bestimmt eine getarnte Angestellte der teuren Katzenfutterfirma, und ich hätte bestimmt nicht einmal Katzen, sondern würde nur versuchen, Kunden abzuwerben.

Als ich das lese, muss ich es erst mal sacken lassen. Liegt aber zugegebenermaßen auch an den grammatikalisch sehr an Meister Yoda[21] aus *Star Wars*[22] orientierten literarischen Ergüssen meines virtuellen Gegenübers. Als ich endlich die Sätze entwirrt habe, muss ich einsehen, dass ich einem fatalen Irrtum aufgesessen bin. Ich glaubte an die Möglichkeit einer vernünftigen Art von Diskussion, Erfahrungs- und Gedankenaustausch. Nun ärgere ich mich doch ziemlich über die Discounter-Katzenmuddi, denn hier wäre jedes weitere Wort vergebene Liebesmüh.

---

21 - Der Charakter Yoda aus dem *Star Wars*-Franchise tut sich mit einer grammatikalisch korrekten Aussprache schwer, hat die Macht aber ziemlich gut unter Kontrolle.

22 - Die 1977 von George Lucas erschaffene *Star Wars*-Saga gilt bis heute als eins der langlebigsten Science-Fiction-Franchises aller Zeiten.

Ich vergebe als meine ganz persönliche Wertung der Angelegenheit daher den »Bronzenen Alu-Napf«[23]. Und bin von da an nur noch stiller Mitleser in der Discounter-Abteilung.

Die nächste zweigespaltene Katzenmuddi-Gruppe ist die der Thunfisch-Katzenmuddis. Hier werden immer wieder Pro und Contra von thunfischhaltiger Katzennahrung diskutiert.

Die eine Katzenmuddi verteufelt diese aufs Schärfste. Denn Fische sind generell verseucht, weil ja auch unsere Meere verseucht sind. Und die gezüchteten Thunfische (!?) sind mit Antibiotika vollgepumpt. Vom Thema Quecksilberverseuchung will sie erst gar nicht anfangen. Das alles macht das Katzentier furchtbar krank. Bloß nie Thunfisch oder überhaupt Fisch füttern. Nicht roh, nicht in Nassfutter verarbeitet und schon gar nicht als Trockenfutter. Weil: Kauft man einen Sack Trockenfutter mit Fisch, fällt das Katzentier sofort ins Koma, wegen Antibiotika-Verseuchung. Das passiert überall auf der Welt. Ich vermute, es handelt sich um die Katzentier-Variante vom berüchtigten Reissack in China.

All diese Erkenntnisse führt allerdings auch *PETA* in ihren Aussendungen an. Okay, nicht den komatösen Zustand nach Fischverzehr, wohl aber die schädlichen Einflüsse von übermäßigem Genuss.[24]

So oder so sollte es eigentlich jedem überlassen bleiben, Fisch selbst zu essen beziehungsweise seinen Katzentieren zu füttern.

Da gibt's jedoch die eine Muddi, deren Katzentier Thunfisch einfach über alles liebt und das fast nichts

---

23 - Der Alu-Napf leitet sich vom Alu-Hut ab, der wiederum als Metapher für Anhänger von Verschwörungstheorien dient und auch allgemein paranoide oder einfach nur sehr anstrengende Menschen beschreibt.

24 - PETA-Seite zu Thunfisch:
http://www.peta.de/10-gruende-keinen-thunfisch-zu-essen#.WDymLOI_uhE

anderes fressen mag. Was soll sie nur machen? Das arme Katzentier wird bestimmt an der Verfütterung sterben. Anti-Thunfisch-Muddi bejaht diese Befürchtung und sagt Pro-Thunfisch-Muddi, dass sie ein ganz böser Mensch ist und ihrem Katzentier furchtbar schadet. Dessen ungeachtet bleibt die Frage, was man nun mit dem armen Tier macht, schließlich wird es bald verhungern.

Na, ganz einfach: Man gewöhnt das Katzentier an Wild, Rind und Ente, dass ist sooooo (mit genau so vielen »o«) gesund und entspricht auch eher der natürlichen Nahrung von Hauskatzen.

Aber, kommt dann wieder die Argumentation, das Katzentier wird gewiss verhungern, da es doch nichts anderes frisst. Was soll sie nur machen? Katzenmuddi ist gerade ernstlich total verzweifelt.

Ich denke mir meinen Teil zu den Ratschlägen. Gut, eine Ente kann ich mir noch bis zu einem gewissen Grad vorstellen, aber persönlich habe ich noch kein domestiziertes Katzentier (egal welcher Rasse) ein Rind, Reh oder Wildschwein reißen und fressen gesehen. Sicher, einen Thunfisch auch nicht wirklich, Katzentiere können dafür leider nicht tief genug im Meer tauchen. Aber meine beiden haben ja auch keine Katzenmuddi, die meint, sie jeden Tag mit Thunfisch füttern zu müssen.

Würde meine tägliche Nahrungsaufnahme übrigens zum Hauptteil aus Thunfisch bestehen, hätte ich neben einer Quecksilbervergiftung vor allem sicher bereits Kiemen. Und was das Verhungern angeht, traue ich in diesem Moment den Katzentieren doch ein wenig mehr Verstand und vor allem Überlebensinstinkt zu, vom Selbsterhaltungstrieb will ich gar nicht erst anfangen. Bevor ein Katzentier verhungert, wird es früher oder später auch die sonst so verschmähte Sorte mit Rind fressen. Alles nur eine Frage der Zeit und Ausdauer beider Parteien.

Es gibt nebenbei auch Katzenmuddis wie mich, die durchaus aber eben nur zwischendurch mal eine Dose

Thunfisch-Nassfutter spendieren. Rollmops und Rasender Buddha lieben nämlich Thunfisch (so wie jede andere Futtersorte auch), sondern aber kurz nach dem Dinner dermaßen giftige Dämpfe aus, dass es mir die Tränen in die Augen treibt. Daher wird diese Sorte aus reinem Selbstschutz nicht ganz so oft aus der Futterschublade geholt. Und für den Fall, dass etwas anderes bei uns zuhause mal überhaupt nicht munden sollte – gelitten würde ich sagen, und es geht hungrig ins Körbchen beziehungsweise in den Karton.

Leider sind solch gemäßigte Bediensteten eher eine seltene Art ihrer Spezies. Daher geht der »Silberne Alu-Napf« verdient an die Thunfisch-Katzenmuddis.

Damit kommen wir zu Platz 1 des Rankings – mit extrem weitem Vorsprung zu Platz 2. Der »Goldene Alu-Napf« geht an die Vegan-Katzenmuddis.

Liebe ehrlich überzeugte Veganer, bevor gleich womöglich ein virtueller Darmwind, gerne auch als Shitstorm bezeichnet, losbricht: Ich kritisiere niemanden für seine für sich selbst bestimmte Lebensweise. Ich bewundere Menschen, die kompromisslos und voller Idealismus aufgrund ihrer Überzeugungen auf einen Luxus-Standard verzichten. Respekt. Aber bitte verteufelt niemanden, der diese Überzeugung nicht teilt oder ebendiesen kompromisslosen Idealismus nicht lebt. Diese Entscheidung sollte doch jedem selbst überlassen werden.

Und in diesem speziellen Fall geht es gar nicht um menschliche Ernährungsweisen.

Die in Rede stehende Vegan-Katzenmuddi ist noch nicht lange im Forum, möchte aber die Gelegenheit mal nutzen, um in einem Posting auf eine Veranstaltung für vegane Ernährung von Tieren hinzuweisen.

Ich bin neugierig und überlege, ob das nicht eigentlich eine sinnlose Veranstaltung ist – entweder gibt es doch

Pflanzen- oder Fleischfresser. Okay, auch noch ein paar wenige Allesfresser (neben mir), aber die fallen für diesen Ratgeber nicht unbedingt ins Gewicht. Nach ausgiebiger Sichtung der Veranstaltung finde ich heraus, dass es sich wohl um eine Art Messe handelt, an welcher ausschließlich vegane Aussteller teilnehmen, die aber nicht nur auf Tiernahrung beschränkt ist. Wir Ungläubigen werden auf einen besonders tollen Aussteller hingewiesen, der vegane Nahrung für Hunde und Katzen im Angebot hat.

Wie man uns versucht, glaubhaft zu versichern, ist das angepriesene Angebot erstaunlich, weil alles viel gesünder und besser und toller für die Tiere sei. Die Katzenmuddi hat ihre zwei Kater vor 12 Monaten auf genau diese Kost umgestellt, und seitdem sind die Tiere wie ausgewechselt. Das Fell ist schöner, die Augen sind klarer, Zahnstein und Mundgeruch sind weg. Wenn die Kater jetzt noch Regenbogenglitzer mit Rosenduft pupsen, wird das auch mein Futter, wie ich in einer Randbemerkung verlauten lasse. Dann kann ich meine Katzentiere auch bei Prof. Xavier in seinem Institut für Begabte[25] anmelden, denn nach dieser Beschreibung müssen es einfach Mutanten sein.

Schwerer Fehler! Ich gehöre nun zur Achse des Bösen. Ich habe keine Ahnung, was ich meinem Katzentier antue, wenn ich es mit tierischen Produkten füttere. Kreisch, Zinnober, Hölle und Verdammnis … Ja, ich bin ein so schlechter Mensch, ich gebe es zu. Und was weiter? Wir haben nun geklärt, dass ich eine Tochter des Teufels bin, vegan füttere ich deshalb immer noch nicht.

Da kommt prompt eine die Fleischerei-Lobby unterstützende Katzenmuddi um die Ecke. Wie man nur kann! Katzen brauchen Fleisch, es sind ja Raubtiere, die haben die letzten Millionen, Milliarden Jahre schon immer Fleisch

---

25 - Xaviers Institut für begabte Jugendliche ist ein Ort aus der Comic- und Film-Reihe *X-Men* (*Marvel*).

gefressen. Und überhaupt, Getreide (ist für die Fleisch-Katzenmuddi das Gleiche wie vegane Ernährung), das ist alles total schädlich für die Katzentiere.

Super, ich bin nun verwirrt. Wem soll ich glauben? Dem Jogurt mit den links- oder den rechtsdrehenden Kulturen?

Da wirft eine Katzenmuddi, die einen ähnlich verwirrten Geisteszustand hat wie ich, mal die Frage in die virtuelle Runde, was man denn machen solle, wenn das Katzentier unter Umständen die vegane Kost gar nicht vertrage? Im Klartext, wenn die Fellnase das exorbitant teure (jedenfalls ist es das von erwähntem supertollem veganem Katzenfutter-Sternekoch) Futter wieder erbricht und deshalb hungrig ist?

Ja, dann! Dann kommt Vegan-Katzenmuddi mit der großen Keule von links!

Wenn das Katzentier die so gesunde Nahrung nicht verträgt, liegt das zunächst am Bediensteten, der über Jahrtausende falsch gefüttert hat. Das Katzentier befindet sich dann gerade in der Entgiftungsphase, das wird schon nach einer Weile. Wir bekommen sogar noch einige Hinweise, wie man das Futter richtig umzustellen hat. Über mehrere Wochen den Normalfutteranteil immer weiter reduzieren und den veganen Futteranteil erhöhen, bis eine komplette Umstellung erfolgt ist.

Für den Fall, dass das Katzentier dann immer noch Verdauungsschwierigkeiten hat, gibt es ja noch die Möglichkeit, Zusatzstoffe unter das Futter zu mischen. Diese beruhigen den Magen und sorgen noch schneller für ein Sättigungsgefühl bei den Katzentieren. Wie es der Zufall will, gibt es das vegane Futter im Sortiment samt dem Magenpulver zum Einführungs-Schnäppchenpreis! Den Link bekommen wir Diskussionsteilnehmer praktischerweise direkt mit dazu gepostet.

Ich möchte anmerken, dass hier die Begrifflichkeit »Schnäppchenpreis« im Auge des Betrachters liegt. Auch

Flugzeugträger werden gebraucht immer günstiger, dass bedeutet aber noch lange nicht, dass ich sie mir leisten kann.

Mehr als 1/3 eines Monatsgehalts in ein Katzenfutter und diverse Zusatzstoffe zu investieren, das mir dann sehr wahrscheinlich wochenlang vor die Füße gekotzt wird, halte ich für kein Schnäppchen. Ich gebe schon mehr Geld für das leibliche Wohl der Katzentiere aus als für mein eigenes Essen. Abgesehen davon ist es für mich Tierquälerei, einem Tier Futter aufzuzwingen, das es nur schlecht verdauen kann. Ihm dann noch diverse Zusatzmittel zu geben, nur damit das Futter nicht wieder erbrochen wird, hinterlässt einen negativen Beigeschmack bei mir und meinen Katzentieren. Außerdem mag ich nicht jeden Morgen verpennt irgendwo in meiner Wohnung Katzentier-Erbrochenes zwischen meinen Fußzehen hindurchquellen sehen – verständlich, oder?

Leider nein. Vegane Katzenmuddi lässt keine anderen Meinungen neben ihrer eigenen zu. Hat sie absolut mit Thunfisch- und Discounter-Katzenmuddi gemeinsam. Katzenmuddi-Power und so.

Ach, habe ich ganz vergessen: Tofu-Mutter, wie ich sie mittlerweile nenne, will mir Tierschutz, Veterinäramt und Polizei wegen Tierquälerei auf den Hals hetzen. Jupp, find ich gut, habe eh zu wenig menschliche soziale Kontakte und ich bin ja gerade Single, da lerne ich vielleicht sogar noch jemanden kennen.

Okay, scheinbar ist das mit dem Sarkasmus nicht bis zu ihr durchgedrungen, denn sie erklärt mir in mehr als 500 Worten, dass ich wegen Tierquälerei ins Gefängnis komme. Ich füttere ja schließlich Nassfutter aus der Dose und auch noch dazu gelegentlich Thunfisch. An dieser Stelle sind das Internet und seine Auswüchse so herrlich und unterhaltsam wie eine schlechte Reality-Serie im Hartz-IV-TV.

Okay, dann nochmal langsam für die Dame zum Mitschreiben. Jupp, ich habe sie verstanden. Ich erkläre aber vehement erneut, dass mir der Umstand ihrer Meinung reichlich egal ist. Vegan füttere ich deshalb trotzdem nicht.

Die ganze Schlacht geht dann noch ein paar Tage weiter, hier und da kommt mal eine neue Katzenmuddi dazu, aber mehr gibt es nicht darüber zu berichten.

Die Kompromisslosigkeit der einzelnen Individuen und die ablehnende Haltung gegenüber einer Argumentation mit Fakten erstrecken sich übrigens nicht nur auf die Nahrungsausgabe für Haustiere. Leider kann man diese Einstellung mittlerweile bei jedem Thema in jeder Gesellschaftsschicht beobachten.

Wie jeder Einzelne von uns damit umgeht, ob man weiterhin versucht, vernünftig zu argumentieren, sich einfach nur still seinen Teil dazu denkt oder mit dem einen oder anderen Standpunkt sympathisiert, bleibt natürlich jedem selbst überlassen. Aus den Augen verlieren sollten wir aber nie das Wohlergehen unserer Schutzbefohlenen – der Katzentiere.

Sicher gibt es auch noch weitere Varianten der Katzenmuddi-Futtermafia, aber die oben genannten Vertreter sind die Highlights und dürfen sich mit Stolz den »Alu-Napf« in den Kühlschrank stellen.

§ 6 – Dringlichkeit bei Bediensteten-Nahrungsangebot

Die Katze kann Anspruch auf das Nahrungsangebot des Bediensteten erheben. Vornehmlich ist dieses Recht bei flüssigen Milchspeisen jeglicher Art zu erwirken. Die Durchsetzung heiligt alle zur Verfügung stehenden Mittel. Ferner ist die Katze bei nicht sofortig erfolgender Erledigung durch den Bediensteten dazu angehalten, strafrechtliche Maßnahmen einzuleiten.

Kommentar:

Wer kennt die angebliche Tatsache nicht, dass ein Schüsselchen Milch oder auch Sahne ein Highlight für ein jedes Katzentier-Schnäuzchen sind? Oft genug hat ein Bediensteter oder auch ein dem Katzentier freundlich zugetaner Liebhaber gedacht, er tut diesem mit diesem besonderen Leckerbissen etwas Gutes. Doch man mag es kaum vermuten: Katzentiere haben eine Laktoseintoleranz.

Nicht, weil es gerade ein Trend ist, die Ernährung so ungewöhnlich wie möglich umzustellen und dabei noch zu versuchen, seine Mitmenschen zum neuen Prozess der speziellen Nahrungsaufnahme zu bekehren … Nein, dem Katzentier fehlt einfach das Verdauungsenzym Laktase, das zwingend notwendig ist, um Kuhmilch verdauen.

Die Tiernahrungsmittelindustrie hat längst herausgefunden, dass der ordentliche Katzentier-Bedienstete daher spezielle Katzenmilch für den Liebling braucht. Es sieht ja schließlich *so* süß aus, wenn das Katzentier die Milch mit schlabberndem Geräusch aus dem Futternapf schleckt. Und natürlich gibt es diese in praktischen laktosefreien Portionsgrößen für wenig Geld, jedenfalls auf den ersten Blick. Schaut man sich mal an, wie exponentiell sich das kleine Milchtütchen verteuert, rechnet man es mal auf den Liter hoch, vergeht es einem doch, dem Katzentier mit Milch eine Freude machen zu wollen. Laktosefreie Nahrungsmittel sind zwar generell nicht mit herkömmlichen zu vergleichen, schon gar nicht mit ganz normaler Kuhmilch. Doch es sei angemerkt, dass man einen vollen Liter laktosefreie Milch für Menschen zum gleichen Preis bekommt, zu dem man je nach Sorte und Hersteller 400-600 ml Katzenmilch – extra laktosefrei! – kaufen kann.

Zum Vergleich:

	Katzenmilch	**Laktosefreie Vollmilch**
Inhaltsstoffe	Nährwertangaben • Fettgehalt: 3,3 % • Calcium: 0,1 % • Laktose: < 0,1 % • Zucker: 4,6 %* Zusammensetzung • Milch und Molkereierzeugnisse (99,5% Milch) Ernährungsphysiologische Zusatzstoffe/kg: Vitamin D3 70 IE, Taurin 500 mg * laut telefonischer Auskunft des Herstellers	Nährwertangaben • Fettgehalt: 3,8 % • Calcium: 15 % • Laktose: < 0,1 % • Zucker: 4,8 % Zusammensetzung • Milch (100 % Vollmilch) Ernährungsphysiologische Zusatzstoffe/kg: Keine Angabe
Durchschnittlicher Bruttopreis für 1 Liter	2,45 €	1,12 €

Hat der kaufwillige Bedienstete erst mal diese Hürde für Moral und Geldbeutel genommen, ist das Katzentier natürlich glücklich – vorerst. Es hat Milch, steckt die Schnauze tief in den Napf und leckt das weiße Gold weg, was das Zeug hält. Der Napf sieht danach aus, als wäre er gerade frisch aus der Spülmaschine gekommen.

Hat der Katzentier-Bedienstete allerdings für sich entschieden, dass sich das Katzentier die Laktoseintoleranz genauso einbildet wie manche Mitmenschen, hat er danach keinen Spaß mehr.

Schon kurz nach der Fütterung kann man in diesem Fall beobachten, dass das Katzentier sich nur noch in der Nähe seines Klohäuschens aufhält, damit der Weg nicht so weit ist. Bemerkt der Bedienstete das nicht und kümmert sich nicht zeitnah um die Reinigung, freut er sich spätestens am nächsten Morgen nach dem Aufstehen oder abends beim Heimkommen von der Arbeit über die Tretminen, die quer durch Wohnung oder Haus verteilt sind, weil, mit Verlaub gesagt, die Katzentoilette bis unters unters Dach juchhe vollgeschissen ist.

Niemand von uns möchte auf eine nicht gereinigte Toilette gehen, schon gar nicht, wenn uns nicht wohl ist. Wer behauptet, das noch nie erlebt zu haben, war wohl noch nie auf einer vollgekoteten Raststätten-Toilette. Daher ist es sehr unverschämt, solche Anspruchslosigkeit von seinen Katzentieren zu erwarten. Die sind, wie schon einmal angerissen, sehr saubere Tiere und putzen sich über Stunden.

Es geschieht dem unaufmerksamen Bediensteten also durchaus recht, erst einmal ein ausgiebiges Reinigungsritual veranstalten zu müssen. Das Ausschimpfen des Katzentiers (im schlimmsten Fall die Verärgerung) soll dabei unterbleiben. Das arme Scheißerchen hat sehr wahrscheinlich noch ein sehr übles Bauchgrummeln und fühlt sich generell unwohl. Da hat betüddelndes Umsorgen stattzufinden und nicht Schelte, weil der Bedienstete die Wohnung säubern muss. Das Katzentier hat sich die nicht laktosefreie Milch ja nicht selbst gekauft, ne?

Das Katzentier zeigt in den seltensten Fällen mit der Pfote auf den Bauch und miaut ein Aua. Im besten Fall zeigt das Katzentier mit dem Ausstoß wirklich stark übelriechender Darmwinde, was es von der aktuellen Situation hält. Es gast dann ganz ordentlich den Wohnbereich ein – Katzentier selbst riecht es ja schließlich nicht oder nur sehr schwach, und alternativ ergreift es nach der Absonderung der Darmwinde einfach die Flucht.

Während sich der hirnverbrannte, sich immer noch keiner Schuld bewusste Dosenöffner fragt, wie aus so einem kleinen Tier so viel Gestank kommen kann, stellt das Katzentier am Ende nochmal einen gut-aromatisierten Darmwind in die Ecke. Und dann geht es auch in vielen Fällen wieder mit dem Bauchgrummeln.

Danach weiß der Dosenöffner hoffentlich, dass Kuhmilch in welcher Form auch immer echt, wirklich und in Farbe keine gute Idee für das Katzentier ist.

Außer – ja, außer er besitzt zufällig zwei total verfressene und ekstatisch ausflippende Britisch Kurzhaar-Katzentiere.

Wenn ich »ekstatisch ausflippende« sage, meine ich das auch so. Augenblicklich stellt sich dieser Zustand ein, wenn meine Fellnasen das magische Geräusch von einem aufreißenden Alu-Deckel eines Puddings, eines Milchreis- oder Grießbreibechers hören. Selbst wenn sie sich gerade im Tiefschlaf befinden, kilometerweit von der Geräuschquelle entfernt sind, die Dunstabzugshaube auf Stufe 4 läuft und noch dazu das Radio dudelt. Quasi reagieren die beiden da wie Viper-Piloten bei einem Zylonen-Angriff[26].

Manchmal habe ich Glück, dann sind sie nicht ganz so schnell oder brauchen eine Weile, um sich zu sammeln, nachdem das Geräusch sie aus dem Schlaf geschreckt hat.

---

26 - Referenzen auf die US-Science-Fiction-Serie *Kampfstern Galactica* (1978-1980); Viper-Piloten verteidigen mit ihren kleinen Maschinen den Kampfstern; vergleichbar mit den heutigen Jagdflugzeugen, stationiert auf einem Flugzeugträger. Zylonen sind humanoid gestaltete Roboter, die angeblich gerne die gesamte Menschheit auslöschen wollen, aber eigentlich insgeheim nur deren Platz als Bedienstete des Katzentiers übernehmen möchten.

Das gibt mir etwas Zeit, zumindest einige Löffel ungestört zu essen, bevor Rollmops und Rasender Buddha (hier macht er seinem Namen wirklich alle Ehre und spottet jeder physikalischen Gesetzlichkeit) mich belagern. Sitze ich auf dem Sofa, pflanzen sich Rasender Buddha links, Rollmops rechts sehr ordentlich und aufmerksam neben mich.

Ich wachse in dieser Zeit bereits in die Höhe. Sowohl Löffel als auch Becher samt Inhalt befinden sich in den über meinem Kopf ausgestreckten Händen.

Immerhin kenne ich den Plan schon, den die beiden entwickelt haben. Einer lenkt mich ab, während der andere versucht, sich den Löffel oder auch den Inhalt des Bechers zu schnappen. Nach vielen Neins, viel Weggeschiebe, wieder dem Becher-in-die-Luft-Strecken, dem Pfote-samt-Katze-von-mir-Runtergeschiebe und bösem Anschauen habe ich es nach geschätzten 15 Minuten (eine vielleicht leicht übertriebene Zeitangabe) geschafft, meinen Milchreis alleine zu essen.

Ich hätte wirklich gerne mal ein Foto von uns dreien auf dem Sofa in solchen Momenten: Ich mit meinem Löffel in der einen und dem leeren Becher in der anderen Hand – ich möchte es mal als meinen sinnbildlichen Reichsapfel und mein Zepter bezeichnen –, dabei eingerahmt von vor Geifer triefenden Katzentier-Schnuten, auf genannte Insignien der Macht gerichtet.

Das Stillleben hält leider nie lange genug an, als dass man davon ein Foto machen könnte, denn innerhalb von Nanosekunden hängt Rollmops an meinem Arm und versucht, an den Löffel zu kommen. Da meine Katzentiere groß sind und bei Bedarf wie schon erwähnt ihre Länge auf 150 cm ausfahren können, bin ich relativ chancenlos. Und zudem sehr dankbar für den Umstand, dass meine Katzentiere minimale Portionen von Laktose vertragen, ohne eben alles vollzukoten oder als lebendige Giftgas-Waffe angepriesen werden zu können.

Wenn dann auch noch Rasender Buddha auf mich draufklettert, reicht es mir im Normalfall. Ich lasse Gnade vor Recht ergehen und stelle den mir leer erscheinenden Becher auf den Boden. Und wie durch ein Wunder sind auch meine Katzentiere von mir runter und verschwunden. Rollmops war diesmal schnell genug und hat als Erster den Kopf im Becher. Besagter Becher bewegt sich nun schön langsam über das Laminat und quer durchs Wohnzimmer (ich habe auch schon Becher zwei Zimmer weiter wiedergefunden). Rasender Buddha sitzt … ja, eben wie ein Buddha daneben und kann nur zuschauen. Damit er nicht total gefrustet ist und irgendwann Depressionen bekommt, weil sein Dosenöffner seinen Bruder ja viel lieber hätte, darf er noch den Löffel saubermachen.

Nach 15 Meter Wegstrecke hat es auch Rollmops geschafft. Der Becher ist sauberer, als das mit einem Milchreis-Rand verzierte Gesichtchen wieder auftaucht. Das danach sehr ausgiebige Putzen spricht Bände. Ich habe zwei sehr zufriedene schnurrende Katzentiere. Sie haben gejagt (mich) und etwas gefangen (den Milchreisbecher) und liegen nun entspannt in Yoga-Pfoten-Stellung in der Sonne.

In solchen Momenten möchte ich auch gern Katze sein. Bei mir.

§ 7 – Bereithaltung von Notrationen

Der Bedienstete hat stets sogenannte Notrationen für die Katze bereitzuhalten. Notrationen werden als kleine Zwischenmahlzeiten definiert, die 24 Stunden täglich und 7 Tage die Woche zur Verfügung zu stellen sind. Der Gegenstand dieser Anweisung ist auch auf Katzen, die auf Besuch sind, zu erstrecken.

Kommentar:

Katzentiere sind Leckermäuler und genauso auf Snacks gebürstet wie wir als Bedienstete auf Schokolade, Knabbereien und Eis. Und genauso wie bei den Bediensteten ist den Katzentieren ziemlich egal, ob sie gerade das abendliche Dinner verputzt haben, ob sie morgens bereits mehr als 10 Minuten die Schnauze im Trockenfutternapf oder ob sie gerade schon ein Leckerchen hatten.

Hören sie die monumentalen Klänge der Leckerchendose, hält sie nichts mehr. In atemberaubender Geschwindigkeit galoppieren sie direkt in die Küche. Egal ob sie gerade tief und fest geschlafen haben und wo sich ebendieser Schlafplatz befunden hat. Ein kurzer Maunzer und ab geht's.

Aber ich untertreibe noch … Miauen und Maunzen war gestern – es ist mehr ein Schreien und Wehklagen darüber, furchtbaren Hunger zu leiden. Dazu setzen sie dann auch noch diesen gewissen *Blick* ein oder versuchen, mit Krallen am Hosenbein das ganze Prozedere etwas zu beschleunigen.

Je nach Tagesform aller Beteiligten klappt es für beide Parteien mehr oder weniger problemlos mit dem Leckerchen. Die Katzentiere bekommen jeder eines ihrer favorisierten Häppchen, und der Bedienstete hat nur je eines pro Katzentier verfüttert.

Kommt allerdings die Vertretung des Hauptbediensteten vorbei, sieht die Nummer schon ganz anders aus. Das stellt man vor allem dann fest, wenn nach der eigenen Rückkehr als Hauptbediensteter die erste Amtshandlung ist, in die sagenumwobene *Futterschüssel* zu fahren und Nachschub zu kaufen.

Das macht man im Durchschnitt zwei- oder dreimal mit, dann lernt man daraus und kauft einfach mehr. Das Belehren der Vertretung, nicht zu viele Leckerchen zu verteilen, ist sowieso nutzlos, denn die Katzentiere können sehr theatralisch leiden und die Anwesenheit der Vertretung schamlos ausnutzen. Und solange die Katzentiere noch aus dem Stand in die Hängematte des Kratzbaums springen, der etwa 150 cm hoch ist, haben sie durchaus noch genug Bewegung zum Abtrainieren der durch die Aufnahme von Leckerchen zusätzlich angefutterten Pfündchen.

Inzwischen befindet sich der Bedienstete im Alltag eigentlich auf einem guten Vorratslevel in Sachen Snacks. Zumindest so lange, bis er feststellt, dass sich auf einmal die nachbarschaftlichen Katzentiere des Öfteren im Garten blicken lassen. Irgendwann ist einer dann plötzlich auch mal auf der Terrasse und platziert seinen Fellpopo gern auf der zurzeit nicht belegten Gartenliege.

Zu diesem Zeitpunkt ist der Gast durchaus noch mit einer liebevollen Kopf- und Nackenmassage zufrieden, etwa über zwei Stunden hinweg. Drei gehen aber auch, da ist das Katzentier flexibel. Hierbei macht dem freundschaftlich verbundenen Schnorrer auch Regenwetter oder nasses Gras nichts aus. Erstaunlicherweise ist generell Wasser, das vom Himmel fällt, kein besonderer Störfaktor.

So ist es auch möglich, die Massageeinheiten zwei Wochen lang täglich durchzuführen. Danach strebt das Nachbars-Katzentier dann das nächste Level an.

Ohne nach links oder rechts zu schauen, schreitet es auffällig sicher mit hocherhobenen Kopf und Schwanz in die Wohnung und schaut sich um.

Natürlich reagiert der Vertreter der Katzentier-Bediensteten sofort und lässt sich vom hauptamtlichen

Bediensteten einige Snacks leihweise zur Verfügung stellen. Leihweise bedeutet hier, dass die Leckerchen sowieso nicht mehr zurückgegeben werden.

Memo des Hauptbediensteten:

Noch mehr Leckerchen kaufen

Ist der freundliche Besuch von nebenan verköstigt, beginnt der Spaß, ihn davon zu überzeugen, die Wohnung wieder über die Terrasse zu verlassen. Einige Leser werden das vielleicht von Besuchsattacken ungeliebter Verwandter her kennen.

Auch das Katzentier hat es nicht eilig, die Wohnung des neuen Opfers ... äh … des vertretungsberechtigten Bediensteten zu verlassen. Stattdessen wird diese ausführlich inspiziert. Danach wird das Sofa auf die Tarntauglichkeit geprüft. So ergibt sich der Umstand, dass der Besuch erst nach einem ausführlichen power nap einige Stunden später die Wohnung wieder verlässt.

Dieses Schauspiel wiederholt sich in den nächsten Wochen einige Male. Die Beteiligten versuchen, sich zu arrangieren. Streicheleinheiten sind in Ordnung, und auch die Darreichung eines Snacks wird vereinbart. Allerdings ist es aufgrund der Ausartungen des power naps, nämlich der unerlaubten Übernachtung in den Schlafräumen des Vertreters, nicht mehr gestattet, sich dauerhaft in der Wohnung aufzuhalten. Dafür wurde auf der Terrasse aber ein besonders schöner und voll ausgestatteter Liegeplatz de luxe arrangiert.

Nach weiteren ins Land gegangenen Wochen hat sich das Katzentier von der sehr komfortablen Einrichtung des Domizils überzeugt und verlässt nach dem Kredenzen des Snacks und einem kurzen Plausch wieder die Wohnung, um sich auf dem persönlichen Liegeplatz auszuruhen.

Hier genießt es einen wunderschönen Rund- und Ausblick über sein Reich beziehungsweise den Garten des Bediensteten in Sphinx-Haltung. Übrigens kann das zurechtgemachte Plätzchen im Sommer wie im Winter okkupiert werden. Es verfügt über eine wärmende beziehungsweise kühlende Polsterung!

Weiterhin genießt der Platz den gnadenlosen Vorteil, dass jeder der Bediensteten beziehungsweise alle Bewohner des Hauses, die gerade im Garten ihre Frondienste verrichten müssen, daran vorbeikommen und jedes Mal eine Streicheleinheit als Wegzoll hinterlassen.

Sollte dies einmal vergessen werden, sieht es das Katzentier nicht als Problem an, die Bediensteten zur Not mit der Pfote festzuhalten und sie auf ihr Versäumnis hinzuweisen. Das lässt sich das Nachbarskatzentier gerne seine erwähnten zwei bis drei Stunden gefallen, bevor es beschließt, etwa zehn Meter weiter zu wandern und sich mal wieder direkt zuhause zu melden.

Dieser Weg nach Hause, der genau genommen maximal 20 Sekunden dauern sollte, selbst wenn das Katzentier sehr gemächlich tapert, wird übrigens auf bis zu 30 Minuten gestreckt. Herrscht gerade ein Hochdruckgebiet über dem Garten, kann es auch mal länger dauern. Die Terrassentreppe muss wohl die A3 des heimischen Gartens sein, und die Wegkreuzung Teich-Terrassentreppe das Äquivalent zum Frankfurter Kreuz. Auf jeden Fall dauert das Runtersteigen etwa 3 Minuten pro Treppenstufe.

Taucht das Nachbars-Hundetier am Gartenzaun auf und streckt unbedarft seine nasse Schnauze auf der Suche nach einem Leckerchen rein, dauert es wiederum keine 5 Sekunden, und das Hundetier flippt aus. Das sonst ziemlich gechillte, verfressene Labbi-Schnäuzchen ist außer Rand und Band, knurrt, jault, bellt – und das alles gleichzeitig. Das Leckerchen ist völlig vergessen, jetzt zählt nur das Katzentier, das sich im Nachbarsgarten so prominent auf der letzten Treppenstufe (nach 15 Minuten!) niedergelassen hat.

Wie eine Statue sitzt die Fellnase da und ignoriert das ganz außer Atem geratene Hundeschnäuzchen hoheitsvoll.

Im Gegensatz zum Besitzer, den im Garten schuftenden Bediensteten und unbeteiligten Passanten, die nur ihren Spaziergang fortsetzen wollen und sich fragen, warum das Hundetier so am Rad dreht.

Alle Beteiligten vermuten, dass Katzentier und Hundeschnäuzchen vor Jahren wohl eine tiefprägende Meinungsverschiedenheit gehabt haben, die bei beiden wohl ein Trauma ausgelöst haben muss.

Irgendwann gibt dann einer von beiden auf. Entweder hat die Mieze ein Einsehen und geht ein paar Schritte weiter oder das Hundetier kann einfach nicht mehr und legt sich erschöpft hin. Die Fellnase wirft sich mit einer hechtsprungähnlichen Überkopfrolle erst mal in die Pflanzen und geht in den Tarnmodus. Hier und da ist ein Rascheln von Blättern zu vernehmen, und eine gewisse Ähnlichkeit zu einem Predator-Angriff[27] ist nicht zu leugnen. Alternativ legt sich das Katzentier in die staubtrockene Erdkuhle und suhlt sich trocken – die Miezen-Variante von Trockenshampoonieren.

Nach einer weiteren Viertelstunde ist dann das Katzentier endlich zuhause angelangt und lässt sich von den eigenen Hauptbediensteten erst einmal ausführlich betüddeln. Immerhin geht so ein Gebell nicht einfach spurlos an einem Katzentier vorbei. Die sind ja alle so sensibel, und ausgewachsene Dramaqueens noch dazu.

Das Hundeschnäuzchen hingegen bekommt endlich sein Leckerchen und eine ausführliche Streicheleinheit durch den begrünten Zaun. Die Mückenstiche (die Viecher leben in der Hecke am Zaun), die sich in dieser Zeit manifestieren, werden ignoriert und in Kauf genommen. Dafür hat man einen glücklichen Hund vor sich sitzen, der sich innerhalb weniger Augenblicke vom Acker macht, um noch

---

27 - Predator ist die Bezeichnung einer außerirdischen Rasse aus dem gleichnamigen Film-Franchise, die mit Freuden auf Menschen Jagd macht.

ein bisschen Dribbeltraining mit seinem Ball im eigenen Garten zu veranstalten.

Beide Tiere sind glücklich, und die Bediensteten, egal ob Hauptangestellter oder Vertreter, sind froh, die Krise für diesen Tag überwunden zu haben. Gespannt ist man dann immer auf den nächsten Tag, denn eine feste Zeiteinteilung gibt es nicht. Es kann durchaus vorkommen, dass das Überfallkommando auf dem Weg zur Arbeit passiert, also genau genommen auf dem Weg zur Garage, der zufälligerweise an der Terrasse und dem heiligen Liegestuhl der Macht beziehungsweise dem Polsternen Thron vorbeiführt.

Katzentiere verstehen es in der Regel nicht, dass man für ihr Futter erst mal arbeiten gehen muss, daher gestalten sich die morgendlichen Besuche regelmäßig schwer und zeitlich ziemlich eng. Doch wie heißt es so schön … Man wächst an seinen Aufgaben, und man hat immer ein Leckerchen für den Notfall dabei.

§ 8 – Schenkungen an den Bediensteten

Die Katze soll ihrem Bediensteten durch Schenkungen den Zustand der Dankbarkeit vortäuschen. Es wird empfohlen, die zu schenkenden Gegenstände an prominenten Plätzen zu präsentieren.

Kommentar:

Mit Geschenken ist das immer so eine Sache. Meistens sind sie gut gemeint, aber entweder total nutzlos oder furchtbar hässlich, im schlimmsten Fall eine Kombination aus beidem, also einfach nur gruselig. Ich sage nur: Klamotten zu Weihnachten.

Selten bekommt man, was man sich gewünscht hat. Unabhängig davon, ob es Wunschlisten gibt oder auch klare Anweisungen. Die Schenkenden wissen sowieso immer viel besser, was man gerade braucht und vor allem, was einem auch besonders gefällt.

Mit den Katzentieren ist das so ähnlich. Nur empfiehlt es sich, egal wie beschissen das Geschenk ist, sich brav zu bedanken. Warum? Weil man sonst bis in die nächsten drei Eiszeiten verkackt hat!

Nun ist es nicht unbedingt immer eine Überraschung, wenn Rollmops und Rasender Buddha mir ein Geschenk bringen. Meist sind die kleinen Gaben die mühsam erjagten Spielzeugmäuse, der Bettvorleger oder auch ein paar Schmeißfliegen, wenn die Präsente-Zeit im Sommer liegt. Die Fliegen werden dekorativ wirklich schön angerichtet vor dem Bett hingelegt. Ist super, wenn man das erst nach dem Aufstehen merkt und man einen Zweiflügler um sechs Uhr morgens zwischen den Zehen herauspulen muss.

Dennoch: Ich als der Gute und Aufrichtige bedanke mich huldvoll. Das Katzentier hat es schließlich nur nett gemeint und nach harter und aufreibender Jagd die Beute als Liebesbeweis niedergelegt! Es wird also die zeremonielle Dankes-Huldigung vorgenommen, die Katzentiere sind zufrieden und trollen sich nach einer Weile. Genau jetzt ist der ideale Zeitpunkt, die Fliegenleichen zu bestatten. Letztes Mal waren es sage und schreibe acht dicke Harrys,[28] die sie mir zu Füßen gelegt haben. Noch bewahre ich mir den trügerischen Glauben, dass mich die Katzentiere wirklich lieben und nicht nur als Bedienstete und Dosenöffner ansehen.

Auch eine nette Überraschung erlauben sich die beiden Fellnasen jedes Mal, wenn sie mir Spielzeugmäuse ins Bett legen – unter die Bettdecke. Wer jetzt mit den Schultern zuckt und sich fragt, warum das so schlimm ist, da es sich ja um keine lebendigen oder halb angefressenen Mäuse handelt, der hat noch nie im Halbdunkeln die Decke zurückgeschlagen und dachte, da würde eine dicke fette Spinne auftauchen. Zugegeben, nicht jeder hat Angst vor den achtbeinigen Kameraden, aber so einen Adrenalinschub braucht man wirklich nicht, zu keiner Tageszeit, aber abends am allerwenigsten.

Auch hier, nachdem sich dann Blutdruck und Herzrhythmus wieder eingependelt haben, bekommt Rollmops eine liebevolle Streicheleinheit. Man kommt gar nicht darum herum, denn das Katzentier sitzt seit geraumer Zeit aufmerksam und abwartend auf dem Nachttisch und starrt. Und starrt so lange, bis es bekommt, was es will. Das Katzentier hat aus seiner Sicht ja auch ein Anrecht darauf. Die Geschenke wurden schließlich schon geliefert. Die entfernt wohnende Verwandte, die zu Weihnachten die unpassenden Geschenke anschleppt, umarmt man schließlich auch und bedankt sich höflich.

---

28 - Harry ist eine sehr lokal gefärbte Bezeichnung für feindliche Tiefflieger in den Sommermonaten, ein genereller Überbegriff für Fliegen, Mücken und Schnaken, die sich in Büro und/oder Wohnung aufhalten und einfach nur nerven.

Neben den internen Katzentiergeschenken gibt es aber auch noch die Aufmerksamkeiten von Kur- und Urlaubsschatten aus der Nachbarschaft. Katzentier-Pirat und Chef der Katzentier-Gang der Straße kommt bekanntlich immer gerne mal vorbei, um Leckerchen und Streicheleinheiten zu schnorren (siehe hierzu *§ 7 – Bereithaltung von Notrationen*). Natürlich wird dabei auch gleich der freie Gartenstuhl mit der großen weichen Auflage oder die Gartenliege okkupiert. Bis die Haare wieder schön sind und er ein entspanntes zwei- bis zehnstündiges Verdauungsschläfchen gemacht hat. Sollte in diesem Zuge noch ein kleines Knabberstäbchen für ihn abfallen, umso besser.

Gegen diese Vorgehensweise ist generell nichts einzuwenden. Jedoch wurde sich schon mehr oder minder gewaltsam beziehungsweise heimlich Zugang zum Haus verschafft, um genauer zu sein, zur Wohnung im Erdgeschoss, und dann erst mal das fremde Schlafzimmer besetzt.

Ich durfte dann zusammen mit dem in dieser Wohnung lebenden Lieblingsnachbarn den Kater wieder hinausbefördern. Das hatte zur Folge, dass wir beide mehr als eine Woche mit Nichtachtung gestraft wurden. Allerdings hatte das Katzentier bei seinem Plan des Schmollens nicht einkalkuliert, dass er dadurch zunächst keine Leckerchen kredenzt bekommt. Dass außerdem auch die Kopf- und Nackenmassagen ausbleiben. Und die Kunst des Schmollens beherrscht nicht nur das Katzentier, sondern auch der Bedienstete. Gut, realistisch gesehen haben Nachbar und ich das nur einen Tag lang durchgehalten, dann war wieder alles beim Alten.

Jedenfalls so lange, bis wieder eine Woche ins Land gegangen war.

In dieser Zeit kam das Piraten-Katzentier mal vorbei oder auch nicht. Ab und zu wurde ich abends direkt am Auto abgefangen, dann war wieder zwei Tage lang keine Spur von ihm zu entdecken.

Wie mir irgendwann der Bedienstete vom Piraten-Katzentier erzählte, hat dieser wohl drei bis vier Anlaufstellen. Da kommt es durchaus zu Terminkollisionen oder auch zu Verschiebungen. Ich machte mir daher ab da keine Gedanken mehr – das Katzentier ist auch anderswo gut versorgt.

Und fast so, als hätte das Katzentier damals dieses Gespräch gehört, schob es seinen plüschigen Astrallaib durch den Hof und forderte seinen Zehnten[29].

Am nächsten Morgen – wohlgemerkt ein Sonntag und damit im Regelfall der einzige Tag der Woche, an dem ich länger schlafen kann und trotz meiner Katzentiere auch darf – werde ich um 06:30 Uhr aus dem Bett geklingelt. Um *06:30 Uhr*, an einem *Sonntag*! Sogar Rasender Buddha und Rollmops konnten mit der Zeit so konditioniert werden, dass sie so lange ruhig sind, bis sie den Klingelton des Weckers vernehmen. Daher haben auch die zwei gepennt und zeigen sich nicht begeistert darüber, so unsanft aus dem Schönheitsschlaf gerissen worden zu werden. Zu dritt tapsen wir wie Zombies zur Haustüre und sehen vor uns einen ekelhaft wachen, fitten und aufgeregten Nachbarn.

Nicht dass Sie uns jetzt falsch verstehen: Wir mögen unseren Nachbarn, er ist ein richtiges Herzchen – aber nicht sonntagmorgens um 06:30 Uhr!

Apropos Zombies … Gibt es eigentlich Zombie-Katzentiere? Hatte vielleicht *The Walking Dead* mal eine Folge, oder gibt's da einen von diesen gruseligen Schrott-Zombie-Splatter-Teilen? Falls nicht, an dieser Stelle mal ein Hinweis an alle ambitionierten Filmemacher: Mit Zombie-Katzentieren würdet ihr einen Riesenerfolg haben und vielleicht sogar einen Blockbuster an den Kinokassen

---

29 - Als Zehnten verstand man eine zehnprozentige Steuer an eine geistliche (Kirche) oder eine weltliche (Grundherr-)Einrichtung. Die Abgabe war bereits im Altertum in Kulturen bekannt und über das Mittelalter bis in die frühe Neuzeit üblich.

generieren. Hat immerhin 2016 auch mit der Zombie-Version von *Stolz und Vorurteil* funktioniert.

Doch zurück zu zweifelhaften Katzengeschenken und meinem Nachbarn – am *Sonntagmorgen* um *06:30 Uhr*, erwähnte ich es? Wild gestikulierend wird mir bedeutet, dem Mann auf seinen kleinen Balkon zu folgen. Meine freundlich-grummeligen Hinweise, dass es Sonntagmorgen und … nun, extrem früh ist, werden ignoriert, überhört oder mit einer Geste fortgewischt. Ich muss mir *jetzt sofort* auf dem Balkon etwas ansehen.

Also gut, ich folge einfach, ohne weiteren Kommentar. Dann komme ich vielleicht danach doch noch ein bisschen zum Weiterschlafen, wenn die Sache hier schnell erledigt wird. Also auf, auf, auf den Balkon.

Und da liegt es: Das Geschenk in seiner vollen Pracht und Herrlichkeit. Und ziemlich tot.

Ich erkläre meinem Nachbarn, dass er es ab sofort mit dem Katzentier so halten soll wie die alten Trojaner, das Völkchen rund um König Priamos, es mit den antiken Griechen hätten tun sollen: Fürchte dich vor Katzentieren, wenn sie überraschend Geschenke bringen. Die Griechen und die Trojaner hatten das Pferd. Mein Nachbar und ich starren auf eine tote Amsel.

Eine ausgewachsene Amsel ist nicht unbedingt klein. Mit einer Körperlänge von durchschnittlich 24-27 cm und einem Gewicht von ca. 105 Gramm ist es doch ein ziemlicher Brocken, der da auf den Balkon gewuchtet wurde.

Das Katzentier hat meinem verzweifelten Nachbarn tatsächlich eine nahezu komplette und vollständig erhaltene Amsel vor das Schlafzimmerfenster gelegt. Offenbar als großes, fettes, dickes Dankeschön für die immerwährende Aufmerksamkeit in Form von Streicheleinheiten und Leckerchen.

Das versuche ich auch dem lieben Herrn Nachbarn zu erklären, der auch erst zustimmend nickt, aber mir dann trotzdem einen großen Eimer, Besen und Kehrschaufel in die Hand drückt. Ich möge ihm bitte das tote Tier von der Terrasse entfernen und für die Entsorgung beziehungsweise Bestattung des Vogels sorgen.

Darum gebeten und schon erledigt. Nicht nur, weil der Nachbar sonst lange nicht mehr auf seine Terrasse hinausgetreten wäre, nein. Die Eile ist besonders dem Fakt zuzuschreiben, dass ich wieder in mein Bett möchte. Also sammle ich das arme Tier ein, entsorge es entsprechend und gebe brav den Eimer wieder zurück.

Mit einem schnellen Winken verabschiede ich mich, und tatsächlich erreiche ich mein Bett ohne weitere Komplikationen – nachdem Rollmops und Rasender Buddha so zur Seite drapiert wurden, dass auch ich wieder ein wenig Platz finde und atmen kann. So haben wir drei es dann tatsächlich geschafft, ohne weitere unerwünschte Geschenke den Sonntag gnadenlos auszunutzen und zu pennen.

Einige Stunden später ist das Thema Geschenke jedoch wieder aktuell … Rasender Buddha hat drei große Falter im Bad gefangen und sie mir auf die Bettdecke gesetzt. Es bleibt mir nur, mich einmal mehr schauspielerisch auf Höchstleistung zu trimmen, dem Katzentier zu danken und still zu hoffen, dass es niemals eine Amsel sein wird, die ich im Bett überreicht bekomme. Vielleicht sollte ich die Fellnasen doch einmal darauf aufmerksam machen, dass auch Gutscheine großartige Geschenke darstellen.

Abschnitt 3
Spielwaren und Kartonagen

§ 9 – Besitzanspruch von Kartonagen

Es ist ein jederzeit sofort durchsetzbares Recht der Katze, jede sich in der Wohnheimstätte befindliche Kartonage auf Größe und Beschaffenheit zu testen und in Besitz zu nehmen. Inhalte in Selbiger oder verbale Einwände des Bediensteten sind strikt zu ignorieren. Auch spielt die Größe und Stabilität eine vernachlässigbare Rolle. Sollte die Kartonage den Belastungen nicht standhalten, ist der Bedienstete dafür verantwortlich zu machen.

Kommentar:

Egal wie groß, welche Menge, gefüllt oder leer, und auch die Positionierung spielt für das Katzentier keine Rolle: Der Karton, die Kiste oder allgemein ein Behältnis gehört der Mieze – immer!

Ab und zu lässt es sich in meinem Haushalt nicht vermeiden, dass etwas online bestellt werden muss. Da bisher noch keine andere Lösung erfunden wurde, kommen die bestellten Gegenstände zu 99,9 % in Kartons aus Papier beziehungsweise Pappe.

Und in den meisten Fällen lässt es sich ebenfalls nicht vermeiden, diese Kartons irgendwo in der Wohnung zu platzieren. Je nach Größe und Inhalt kann es sein, dass ich das Paket zum Auspacken auf einen Tisch stelle oder auch auf dem Boden stehen lasse.

Gerade, wenn die *Futterschüssel* wieder einmal meine Wunschartikel im virtuellen Angebot hat und mehrere XXL-Säcke Katzenstreu angeliefert werden, bleiben diese im Regelfall auf dem Boden stehen. Mich und die Katzentiere freuen diese riesigen Lieferungen ja immer sehr, die Zusteller weniger. Aber meist hat ja immer einer das Nachsehen.

Dank der Katzentiere werde ich nie vergessen, wo ich einen Karton hingestellt habe, denn mit

Subraum-Lichtgeschwindigkeit[30] wirft sich entweder Rasender Buddha oder Rollmops drauf. Selbst Pappbriefumschläge, in denen sich nur eine DVD oder Blu-ray befindet, bilden da keine Ausnahme, auch diese werden im wahrsten Sinne des Wortes besetzt.

Knifflig wird das Ganze, wenn der Dosenöffner, sprich ich an den Inhalt möchte. Dazu versuche ich zunächst, die Fellpopos mit gutem Zureden und einem kleinen delikaten Leckerbissen davon zu überzeugen, von dem Paket runterzukrabbeln. Klappt soweit ganz gut. Nur neige ich leider immer wieder dazu, die Geschwindigkeit der Viecher zu unterschätzen. Sonst sind sie ja eher die bequemen, mehr stromernden Tiere. Zeitlupenkatzen eben, die ihr Leben in einem sehr entspannten und chilligen Rhythmus genießen. Außer, es geht um das leibliche Wohl – oder Kartons.

Als ich versuche, nach der Darreichung der Zwischenmahlzeit an mein Paket zu kommen, zischt ein Windhauch an mir vorbei, und noch ehe ich ansatzweise in die Nähe komme, wird es wieder belagert. Da ich aber darauf bestehe, genau jetzt an den Inhalt zu gelangen, wird der Katzentier-Hintern vorsichtig aber bestimmt vom Karton geschoben, und ich mache mich ans Auspacken.

Auch hier bekomme ich Hilfe. Nicht dass ich sie brauchen würde, aber Katzentiere sind schrecklich neugierig. Der Nachteil daran ist, dass ich jedes Mal Angst habe, entweder unfreiwillig die Schnurrhaare zu kürzen oder das Tier sonst wie zu verletzen. Bei einigen Paketen kommt man ohne Schere beziehungsweise Kartonagenmesser bekanntlich nicht weiter. Da ist ein Katzentier-Kopf mittendrin statt nur dabei reichlich unpraktisch. Ist die Hürde des Aufmachens dann aber erst mal genommen, geht alles wieder den gewohnten Gang.

---

30 - Als Subraum bezeichnet man ganz allgemein die Erweiterung eines herkömmlichen Raums, also eine Konstruktion, die *über* das bisherige Raumkonzept hinausgeht.

Wie durch ein Wunder haben es Rasender Buddha und Rollmops verstanden, dass sie schneller an das Objekt der Begierde kommen, wenn sie mich zwei Minuten damit (mit Schere, Messer und Paket) hantieren lassen. Ich habe dann eben ein Katzentier links und eines rechts von mir sitzen. Und ich werde beobachtet – starrenderweise versteht sich. Vornehm wie immer, aufrecht, mit dem Schwanz artig um die Pfoten gelegt und den Öhrchen aufgestellt.

Diesmal bin ich nicht schnell genug, und eine bepelzte Pfote fängt an, die Kartonlasche zu dribbeln. Dribbeln deswegen, weil es wirklich wie bei einem Basketballspieler aussieht, wenn das Katzentier die Papplasche schnell runterdrückt und elegant beim Rückfedern abfängt. Als aufmerksamer Beobachter habe ich festgestellt, dass Rollmops Linkspfoter ist, aber auch durchaus mit rechts dribbeln kann. Ich muss gestehen, das Schauspiel hat eine leicht hypnotische Wirkung.

Das führt unweigerlich dazu, dass Rasender Buddha mir seine unwesentlich geschärften Krallen ins Hosenbein haut. Bei Jeans geht das ja noch, aber bei Jogginghosen sind die spitzen Dinger nicht wirklich angenehm. Es reicht, um mich wieder in die Realität zurückzuholen und weiter das Paket auszupacken. In letzter Sekunde schaffe ich es, den Inhalt zu ergattern und den Platz für die Katzentiere freizugeben.

Rollmops ist gerade dabei, in den Karton zu krabbeln, als Rasender Buddha seinen Besitzanspruch durchsetzt. Mit der Eleganz eines Olifanten[31] prescht er über den kleinen Kratzbaum auf das Sideboard, reißt mit einem misslungenen Bremsmanöver den dort liegenden Läufer mit, um sich mit einem Hechtsprung auf einen der Stühle zu retten. Der Schwung reicht noch, um mit einem weiteren Sprung eine Arschbombe auf dem Küchentisch zu landen.

---

31 - Als Mûmakil oder Olifanten bezeichnet man Kreaturen aus J. R. R. Tolkiens *Der Herr der Ringe*-Büchern (1954-1955) mit großer Ähnlichkeit zu Kriegselefanten.

Rollmops scheint davon ziemlich unbeeindruckt, er würdigt seinen Bruder kaum eines Blicks. Karton geht vor.

Ich hingegen schnappe mir meinen Krempel und gehe lieber mal einen Schritt zurück. Ich habe eine ziemlich genaue Vorstellung davon, was gleich passiert:

Rasender Buddha schaut weder links noch rechts, sondern nur auf den Karton und hüpft rein. Rollmops schaut nur mit offenem Schnäuzchen zu.

Zur Erklärung für Menschen, deren Katzentiere das nicht tun oder die unwahrscheinlicherweise ihre Wohnung nicht kostenlos Fellnasen zur Verfügung stellen, sprich keine haben ... Sie mögen es sich bildlich so vorstellen, als wenn ich gerade auf den letzten Parkplatz biegen will und ein anderer schnappt ihn mir mit einem FBI-Einparkmanöver weg.

So wie aber ich auch dem anderen Autofahrer nach dem ersten Schreckmoment gehörig die Meinung geigen würde, fasst sich Rollmops recht schnell. Er hebt die Todespfote (er ist das Katzentier mit der beidseitigen Todespfote) und gibt Rasender Buddha erst mal einen Klatscher voll auf die Zwölf, so richtig schön zwischen die Ohren.

Keine Panik, schwere Verletzungen tragen die Miezen nicht davon. Bastet sei Dank sind sie so clever, beim Einsatz der schlagenden Todespfote die Krallen nicht auszufahren. Der Rest wird von dem sehr plüschigen Fellbesatz abgefedert. Ein durchaus begrüßenswerter Umstand, denn es bedeutet weniger Verletzungen im Katzentier-Haushalt.

Rasender Buddha lässt sich das natürlich trotzdem nicht gefallen und haut zurück. Dann gibt es den nächsten Hieb, bis schließlich Rollmops seine Attacke startet und mit in den Karton springt, der schon für eines der Katzentiere nicht ausreichend groß war. Aufgrund von physikalischen Grundgesetzen reißen die beiden damit den Karton vom Tisch und nach einem Schlag (immerhin sind gerade 15 kg Katzentier plus 300 Gramm Pappe auf dem Boden gelandet) sehe ich zwei Katzentiere jeweils in die entgegengesetzte

Richtung davongaloppieren. Na ja, um genau zu sein, sehe ich nur Rollmops wegrennen, und einen Karton, der auf einmal plüschige Pfoten hat.

Das sind die Momente, in denen man als Bediensteter oder Dosenöffner eingreifen sollte, aber einfach nicht kann. Man ist zur keiner Handlung mehr fähig, sondern kann nur zuschauen, wie das Katzentier mit dem Karton auf dem Kopf über den Boden rast und dann noch mit einem kleinen Peng am Schrank andotzt.

Da meine Katzentiere keine Ausnahme bilden, was das Arschloch-Phänomen angeht, kommt just in diesem Moment Rollmops wieder um die Ecke, sieht den Karton und springt drauf. Mit Schmackes und Anlauf. Und auf dem Karton verharrt er, seine plüschige Majestät. Also: Er kam, sah und siegte.

Rasender Buddha ist allerdings noch unter dem Karton. Fast wäre es eine Win-win-Situation für die Katzentiere, eines »im« Karton, eines oben drauf. Leider bleibt aber der Umstand, dass diese Kiste viel zu klein ist. Nach einem qualvollen Miau darunter hervor fasse ich mir ein Herz und rette Buddha erst mal.

Dann stelle ich den Karton zur allgemeinen Nutzung mitten ins Zimmer, wo er fortan ignoriert wird. WTF?! Anstatt sich darüber zu freuen, dass die verdammte Papp-Verpackung endlich in Reichweite ist, keine Gefahr mehr läuft, abzustürzen und ich meine Inhalte habe, müssen die beiden jetzt erst mal klären, wer das meiste Fell hat.

Innerhalb von Sekunden rollt eine Pelzkugel bestehend aus zwei Katzentieren durch mein Esszimmer und rammt wie ein Flipperball alles, was sich ihr in den Weg stellt. Im Gegensatz zur Flipperkugel verlieren die Katzentiere dabei Unmengen an Fell (welches von der Menge ausreichend wäre, um sich zwei neue Pullis zu stricken), das sie sich gegenseitig aus dem Pelz hauen, denn jetzt sind auch die Krallen ausgefahren.

Nach 45 Sekunden sind die Fronten jedoch wieder geklärt und die Katzentiere verlassen erhobenen Haupts das Zimmer – der Karton ist jetzt völlig uninteressant geworden.

Mir bleibt nur noch, den Staubsauger zu holen und die Restbestände der Schlägerei zu beseitigen. Ach ja, den Karton darf ich auch noch wegräumen und entsorgen, der ist doof, uninteressant und eh viel zu klein.

§ 10 – Besitzanspruch von Kartonagen mit besonderen Inhalten

Unter Hinweis auf § 9 – Besitzanspruch von Kartonagen *hat die Katze diese Richtlinien ebenfalls zu befolgen, wenn sich außerhalb des in Rede stehenden Kartons extra für die Katze angeschaffte Unterhaltungsgegenstände, sogenanntes »Katzenspielzeug«, gegebenenfalls auch Kratzbäume, alternativ spezielle Sitz- und Schlafmöbel befinden. Diese Sachen und Gegenstände sind mindestens 24 Stunden nach Ankunft in der Wohnheimstätte zu ignorieren.*

Kommentar:

Es ist mal wieder so weit: Die beiden Katzentiere brauchen einen neuen Haupt-Kratzbaum. Haupt-Kratzbaum deshalb, da sich mittlerweile fast in jedem Zimmer ein mehr oder minder kleines Kratzmöbelstück befindet. Im Wohnzimmer sogar zwei überdimensional große Kratzmöbel, von welchen gerade eines das Zeitliche segnet.

Wie ein Kratzbaum sterben kann? Langsam und qualvoll – so viel kann ich versprechen. Das Sisal[32] (extra dick) ist so gut wie überall abgewetzt, einzelne abgefetzte Stränge hängen runter, die Hängematten oder auch Kuhlen genannt haben schon Löcher, und es ist nur noch eine Frage der Zeit, bis Rasender Buddha durch eine davon kracht. Die große Liegefläche ganz oben hat einer der beiden oder auch beide zusammen an einigen Stellen mittlerweile durchgescheuert (nein, ich weiß nicht, wie sie es gemacht haben). Und sie finden es auch noch sehr lustig, mit den krallenbespickten Pfoten in den Löchern rumzuwühlen und so den Bezug noch mehr zu zerlegen.

---

32 - Als Sisal werden die Fasern aus den Blättern bestimmter Agavenarten bezeichnet. Aus diesen Fasern werden Seile gedreht, die u. a. in der Tierkratzmöbel-Produktion Anwendung finden, da es sich um eine natürliche Faser handelt, die sehr robust ist.

Kurz, das ehemals wunderschöne stabile Kratzbaum-Möbelteil ist ein Wrack und steht nur noch deshalb, weil es mit 4 Winkeln zusätzlich an der Wand festgedübelt wurde. Das war wichtig, denn Rollmops aka 7-kg-Katzentier mit seiner langen Anlaufstrecke durch den Flur könnte sonst für eine sehr interessant gestaltete Form von »Baum fällt!« sorgen.

Ein Neuer muss her! Nein, nicht der Fußballer[33], der Katzenkratzbaum. Bevor die Tiere noch auf die Idee kommen, meine Stuhlbezüge permanent als neues Krallenabwetz-Gerät zu nutzen.

Ich also ab in die nächste *Futterschüssel*-Filiale. Fachgeschäfte für Tierbedarf sind meist etwas kostenintensiver, aber ich sehe das gute Stück dafür vorher schon mal aufgebaut (Aufbauanleitungen sind was für Hundetier-Besitzer!). Und wenn dann bei meinem eventuell gekauften Möbelstück ein Teil fehlt, habe ich das neue meist innerhalb einer Stunde besorgt anstatt erst ein paar Tage später über den Versandweg. (Ich habe es schon erlebt, dass das Ausstellungsstück einfach »angebrochen« wird.)

Aber genug meiner Gründe, in die *Futterschüssel* zu fahren – ich finde ja im Zweifelsfall sowieso immer einen Grund zum Shoppen.

In der *Futterschüssel* angekommen, steuere ich wohlweislich weder nach links noch nach rechts schauend direkt die Kratzmöbel an. Die haben da eine relativ gute Auswahl. Von klein bis groß – jedenfalls was die Höhe angeht. Ich schaue mir die gerade genauer an, als mich die nette Verkäuferin anspricht. Sie möchte mir helfen und fragt, was ich genau suche.

Kann ich ihr sagen. Einen richtig großen Deckenspanner mit breitem Grundstamm, mindestens zwei Hängekuhlen, extra dickem Sisal und am besten noch einer möglichst

---

33 - Gemeint ist natürlich Manuel Neuer, ein deutscher Fußballtorwart, der seit 2011 beim *FC Bayern München* unter Vertrag ist.

hoch angeordneten Ablagefläche. Das Ganze dann aber auch für besonders große Katzen, denn mit einem für normalplüschige Katzentiere ist es nicht getan. Der Baum soll die Grundfarbe Beige haben, damit er optisch zum Restbestand der Wohnung passt und man nicht gleich jedes verdammte Katzenhaar darauf sieht.

Die Verkäuferin hört mir aufmerksam zu und führt mich dann weg von der Möbelausstellung zu einer Sonderverkaufsfläche. Dort haben sie tatsächlich große Bäume, aber nicht in Beige, nur mit einer Hängematte oder ohne große Ablagefläche. Abgesehen davon will ich ein richtiges Kratzmöbelstück. Da muss der ganze Stamm mit Sisal umwickelt sein und nicht nur der mittlere Teil. Das Plüsch, was man stattdessen drumgewickelt hat, würde bei meinen Katzentieren keinen Tag halten. Da müsste ich faktisch jedes Quartal einen neuen Baum kaufen. Mir ist bewusst, dass das die Dame aus der *Futterschüssel* freuen würde, aber da müsste ich doch nochmal ernsthafte Gehaltsverhandlungen mit meinem Arbeitgeber aufnehmen, um mir das leisten zu können.

Es hilft nichts, diesmal kein passender Baum in der *Futterschüssel.* Ich versuche mein Glück online und finde nach mehreren Stunden endlich das passende Stück – zwar für einen ziemlich heftigen Preis, aber was soll's. Die Katzentiere brauchen es, und der Baum ist im jährlichen Katzentierbudget drin, jedenfalls theoretisch und auf dem Papier.

Der Monster-Kratzbaum hat alles, was die Katzentiere suchen, auch wenn sie sich darüber gar nicht im Klaren sind. Sisal bis zur Decke, Hängematten und Kuhlen, stabiler und dicker Grundstamm und vor allem besonders für große Katzen geeignet. Das Teil wird bestellt und in drei Riesenpaketen vom Paketeschlepp-Dienstleister nur zwei Tage später überbracht. Die Zeit dazwischen nutze ich als perfekt konditionierter Bediensteter, um den alten verfranzten Kratzbaum abzumontieren und in den Keller zu schaffen – der nächste Sperrmüll kommt bestimmt.

Nachdem ich eins der Pakete mühevoll, im Schweiße meines Angesichts in den ersten Stock geschleppt habe (es wiegt laut Aufkleber genau 32,1 kg), dauert es etwa 0,9 Sekunden, bis Rasender Buddha darauf sitzt. Rollmops hat unterdessen gnadenlos die Chance genutzt und ist durch die offene Wohnungstür raus, um sich den Hausflur genauer anzuschauen. Im Keller habe ich ihn dann davon überzeugen können, dass eine Wohnung mit gleich drei großen Paketen darin doch der bessere Aufenthaltsort ist. Katzentier unter den Arm geklemmt und wieder hoch ins Obergeschoss geschleppt.

Mittlerweile hat sich prompt mein über siebzig Jahre alter Nachbar (der mit der toten Amsel aus *§ 8 – Schenkungen an den Bediensteten*) meiner erbarmt, die restlichen Pakete in den ersten Stock getragen und vor die Wohnungstür gestellt. »Ist doch für die Mäusemänner«, sagt er nur und tätschelt Rollmops liebevoll den Kopf. Das Katzentier brummt daraufhin wie die alte Tante Ju[34] und schaut ihn an, als könnte er kein Wässerchen trüben.

Das Katzentier wird samt den großen Kartonagen in die Wohnung verfrachtet. Rasender Buddha okkupiert immer noch den ersten Karton. Scheinbar fühlt er sich ziemlich wohl und möchte seinen Hochsitz auch nicht mehr hergeben.

Also fange ich schon mal an, die beiden anderen Kisten auszupacken. Wie nicht anders zu erwarten, sind sowohl alle Schrauben als auch die Skizze zum Aufbau und der Hauptstamm in Rasender Buddhas Karton. Es hilft alles nix, ich hebe Kater vorsichtig runter, nur um plötzlich in einer Staubwolke zu stehen, da das Katzentier im Dampflok-Modus (er galoppiert dann nicht, er töltet[35]) zu Karton Nummer zwei rennt. Rollmops hat unterdessen beschlossen, wieder an seiner Technik zu arbeiten und hat sich die

34 - Die *Junkers Ju 52* (Spitzname »Tante Ju«) ist ein Flugzeugtyp der *Junkers Flugzeugwerk AG* in Dessau.

35 - Der Tölt ist eine Spezialgangart bei Pferden. Er hat keine Schwebephase, sondern ist eine gelaufene Gangart, ähnlich dem Schritt.

Lasche von Karton 3 vorgenommen. Wenigstens gibt es diesmal keine Schlägerei wegen der Kartons.

Während die Katzentiere mit den Kartonagen beschäftigt sind, versuche ich die gefühlt 7.567.331 Teile in der korrekten Abfolge zusammenzuschrauben. Nach etwa 90 Minuten scheint mir das gelungen zu sein. Zwar sieht der Kratzbaum nicht genauso aus wie auf der Abbildung, und es sind auch noch zwei kleine Sisalrollen über, was aber total okay ist.

Ich vermute, dass mich die ständigen Attacken der Katzentiere doch etwas abgelenkt haben. Anstatt abzuwarten, bis der Baum fertig zusammengeschraubt an der Wand festgedübelt ist, wird an den losen Rollen gekratzt, auf die Liegeflächen gesprungen, die noch nicht ansatzweise festgeschraubt sind, sich auf die Schrauben und den Sechskantschlüssel gelegt oder einfach mit Anlauf an das noch sehr wacklige Konstrukt gesprungen. Warum? Das Teil steht schließlich in ihrer Wohnung, darum. Es besteht kein Grund, auf den Erbauer zu hören, der warnt, dass alles zusammenkrachen kann.

Nachdem es mir irgendwann zu bunt wird, werden Rasender Buddha und Rollmops aus der Wohnung beziehungsweise dem Zimmer geworfen.

Nun wird der fertige Kratzbaum noch schnell an der Wand festgeschraubt und der Deckenspanner festgestellt. Damit ist die feierliche Eröffnung gelaufen und die Katzentiere können jetzt loslegen. Also dürfen sie wieder ins Wohnzimmer. Und die Katzentiere können *jetzt* loslegen. Haallllooo, Kaaattzzentiiiieeerrreee – der Baum kann jetzt bekratzt, bestiegen und was auch immer sonst damit gemacht wird werden. Katzentiere? Wo seid ihr?

Ach ja, die Kartons … ich vergaß.

Nach etwa vierundzwanzig Stunden wird aber der neue Baum dann doch endlich erstürmt, und auch wenn es mitten in der Nacht ist, sind alle wieder mal happy.

Und ich danke dem Baumarkt für 10er-Dübel, entsprechende Schrauben und große Winkel.

Abschnitt 4
Sanitäre Anlagen und deren Nutzung

§ 11 – Anwendung von Wasser

Von der plötzlichen Anwendung von Wasser wird pro forma abgeraten; in Sonderfällen wie bei sogenannter besonderer Affinität der Katze zu Wasser kann die Katze ihren Bediensteten zur Aussetzung des Paragraphen auffordern.

Kommentar:

Es ist eine weit verbreitete Unwahrheit, dass Katzen mit Wasser ein Problem haben. Gut, es mag Katzentiere geben, die haben es nicht so mit dem Nass. Gibt's ja bei Menschen ebenfalls, obwohl da dann die Erkennung klar durch die Geruchsorgane erfolgt oder auch durch das Brennen in den Augen.

Was Katzentiere alle nicht mögen, sogar verachten, sind Wasserspritzer. Aus einer kleinen Wasserpistole genauso wie aus dem Kopf einer Pflanzenbefeuchtungsspritze. Würden wir aber auch nicht mögen, wenn wir uns gerade intensiv mit etwas beschäftigen, und ein anderer kommt vorbei und schießt uns mit einem Wasserstrahl ab, begleitet von einem lauten direkten »Nein«. Nicht wahr?

Auch mag nicht jedes Katzentier ein Vollbad. Manche Katzentiere schütteln mehr als nur vorwurfsvoll das kaum nasse Pfötchen, nachdem sie ansatzweise über eine feuchte Fläche gelaufen sind. Das ist aber bei den meisten Katzentieren zu 99 % Show! Es gibt zwar Fellnasen, die kommen aufgrund ihrer geografischen Lokalisation nicht unbedingt mit großem Wasservorkommen in Berührung, zum Beispiel der Löwe in Afrika. Dennoch gibt es einige Miezen, die durchaus das kühle Nass zu schätzen wissen.

Man nehme als Beispiel für eine sehr groß geratene Katze den Tiger. Der liebt es, viel und häufig zu baden. Er schwimmt auch gerne. Manchmal jagt er sogar Fische.

Alternativ, um bei den domestizierten Katzentieren zu bleiben, gibt es da die Türkisch Van[36], alternative Bezeichnung: Schwimmkatze. Diese Gattung liebt Wasser über alles und hat mit Sicherheit schon den einen oder anderen Bediensteten zur Weißglut getrieben, wenn sie im Klo, in der Spüle oder anderen Behältnissen mit Wasser ein Bad nehmen wollte.

Und zu guter Letzt hat man Katzentiere wie die, die mich – ihre Bedienstete – in ihrer Wohnung leben lassen. Bei denen hat man wohl auch vor ein paar Jahrhunderten ihren Urahnen auf der britischen Insel vergessen zu sagen, dass sie eigentlich kein Wasser mögen. Sollte es doch jemand getan haben, wurde es schlicht ignoriert. Sind ja schließlich Katzentiere.

Zum Thema Vollbad: Ja, auch Rasender Buddha hat schon mal unfreiwillig ein Bad genommen. Und obwohl er Wasser liebt und immer mit mir in die Dusche trabt, war er seinerzeit alles andere als »amused« über den Zustand inmitten von plötzlichem Nass. Wobei hier klar zwischen blankem Wasser-Hass und Panik wegen plötzlicher Veränderung des Aggregatszustands unterschieden werden muss. Das dicke Katzentier kann äußerst elegant sein, aber auch ebenso tollpatschig wie seine Bedienstete. Er hat sich da seiner lebendigen Umgebung eben angepasst. Auf jeden Fall dachte er, es wäre eine begnadete Idee, zu testen, ob der Badewannenrand zum darauf Rumlaufen geeignet ist. Was soll ich dazu noch sagen, außer, dass es kam, wie es kommen musste?

Rasender Buddha machte also einen weniger eleganten Abgang und fiel in die mit etwa 10 cm lauwarmem Wasser gefüllte Badewanne. Auf einmal war er dann nicht mehr das dicke Katzentier, sondern ein dünnes Häufchen Elend,

---

36 - Die Türkisch Van ist eine sehr seltene Katzenrasse aus der Osttürkei. Benannt wurde sie nach dem Vansee, in dessen rauer und abgeschiedener Region sich diese Rasse vor 2.000 Jahren sehr wahrscheinlich entwickelte.

welches furchtbar panisch miauend versuchte, aus der Wanne zu kommen. Mit den nun wirklich sehr nassen Samtpfötchen ein Ding der Unmöglichkeit, weil: kein Halt an der glatten Badewannenwand. So hat er erst einmal ein paar Sekunden damit verbracht, einen lebendigen Quirl zu imitieren.

Aufgeschreckt durch das laute Platschen und das fundamental unzufriedene Katzentier-Geschrei eilte ich damals ins Bad und sah den kleinen Freischwimmer um eines seiner sieben Miezenleben strampeln. Hätte er sich einfach nur ruhig hingestellt, wäre ihm das Wasser wohlgemerkt gerade mal bis an die Fellwampe gegangen. Da es aber bekanntlich viel schöner ist, Panik zu schieben und auch ich mich nicht von derartigen Kurzschlusshandlungen ausnehmen möchte, sei dies nur eine Randbemerkung.

Dass ich in diesem Moment die Geistesgegenwart besaß, die Tür in einer Bewegung mit dem Reinlaufen zuzuschlagen, finde ich bis heute eine sehr beachtliche Leistung. Immerhin war das Katzentier in Todesgefahr. Mit der anderen Hand das große Badetuch geschnappt, auf den Boden geworfen und dann ohne Rücksicht auf Verluste des eigenen Lebens über die Badewanne gebeugt, um das noch immer quirlende Katzentier aus den reißenden Fluten zu retten. David Hasselhoff hätte sicherlich zunächst eine rote Schwimmerboje geworfen, hatte ich aber gerade nicht zur Hand.

Dass meine Fellnasen nicht zu den Leichtgewichten gehören, hatte ich schon beiläufig erwähnt, nicht wahr? Dass aber der Rasende Buddha mit Wasser vollgesogen nun in der superschweren Gewichtsklasse spielte, hat mich in diesem Moment doch etwas überrascht. Doch egal, es galt, ein Katzentier aus höchster Not zu retten. Da werden alle Kraftreserven aktiviert, das Viech aus der Badewanne gewuchtet und auf dem Badetuch abgesetzt.

Kaum war diese Gefahrenlage geklärt, meinte das dicke Katzentier, es wäre eine weitere Bombenidee, sich aus dem ungeliebten Raum des Wassersammelns zu entfernen.

Doch Schreck lass nach – die Tür war zu. Ich also mit dem Badetuch hinterher und den nassen Freischwimmer darin eingewickelt. Jetzt hatte Rasender Buddha mehr Ähnlichkeit einer dicken blauen Raupe, die sich verpuppt hat, als mit einer nassen Katze. Damit wir beide langsam wieder den Adrenalinspiegel auf ein normales Maß senken konnten, wurde die Katzenraupe auf den Arm genommen und etwas betüddelt. Nach ein paar Minuten war der Puls wieder normal und die Raupe durfte sich aus dem Kokon schälen. Zutage kam ein wunderschönes unplüschiges Katzentier, dessen Fell in alle Himmelsrichtungen abstand. Das ging natürlich nicht, so wurde sich ein paar weitere Minuten lang erst mal ausgiebig geschüttelt. So richtig, bis das Fellvolumen sich verdreifacht hat und er nur noch aus Fell und Augen bestand.

Zugegebenermaßen feuchtem Fell und Augen. Da jetzt aber keinerlei Gefahr mehr für den Rest der Wohnung bestand, eine kostenlose Sprinkleranlage in Katzentier-Form zu erhalten, habe ich uns beide wieder aus dem Bad entlassen.

Vor der Tür wartete schon der seelisch und moralisch am Ende befindliche Rollmops. Der hatte ja alles nur gehört und ganz schlimmes Katzenkopfkino gehabt, was hier wohl wer gerade mit wem machte. Rasender Buddha zeigte sich hingegen von der Mitleidsbekundung herzlich unbeeindruckt und dampfte für seine Verhältnisse mit atemberaubender Geschwindigkeit in Richtung Schlafzimmer ab. Ich eilte hinterher – wer weiß, was der sonst noch so anstellt – und fand ihn am für ihn sichersten Platz auf der Welt: in meinem Bett unter der Bettdecke.

Gut, ich musste nachher das Bett frisch beziehen, aber für das zartbesaitete Katzentier-Seelchen war das genau der richtige Ort, um die Sache mental verarbeiten zu können. Das war übrigens alles morgens, um 09:00 Uhr oder 09:30 Uhr. Bis abends um Punkt 17:00 Uhr war der Rasende Buddha dann nicht mehr unterwegs. Natürlich habe ich regelmäßig nach ihm gesehen und auch mal ein Leckerchen kredenzt, welches dankend weggesaugt wurde. Mehr war aber nach dem Schock in der Morgenstunde nicht zu erwarten.

Rollmops hat sich aus Solidarität zu seinem Bruder auch ins Bett gelegt und den sterbenden Schwan simuliert. Bros müssen zusammenhalten und so.

Aber dann stand der Rasende Buddha zum Füttern ordnungsgemäß wieder auf der Matte. Appetit war wie immer und das Fell auch fast wieder trocken. Alles gut. Nach dieser Sache hat er allerdings für sich beschlossen, dass der Badewannenrand der Feind ist und ihn bis heute nicht mehr eines Blickes gewürdigt.

Ungeachtet dieser Negativerfahrung finden es beide Katzentiere immer noch toll, wenn die Dusche angemacht wird. Ich finde es weniger toll, denn es ist gar nicht so einfach, alleine unter die Dusche zu kommen, wenn beide Katzentiere den gleichen Plan haben.

Und Rollmops hat es zu seinem liebsten Hobby gemacht, sofort die Spüle in der Küche mit seiner ganzen Leibesfülle zu okkupieren, sollte jemand die Armatur aufdrehen und herrlich fließendes Wasser herauskommen. Müsste ich nicht anschließend jedes Mal die Küche aufwischen, wenn sich der Urrumpel[37] danach einmal kräftig schüttelt, wäre es eine Win-win-Situation für alle. So ist es nur eine Win-Situation für das Katzentier, das während der Dusche in der Spüle auch noch ein bisschen zu scharren anfängt und so das seine zu den Haushaltspflichten beiträgt, nämlich die schon saubere Spüle nochmal zu putzen, während ich mit Eimer und Mopp hantiere.

Sollte irgendwann mal endlich mein Balkon fertig und katzensicher werden, können die beiden Fellnasen dort in

---

37 - Urrumpel ist ein in der südhessischen Mundart gerne genutzter Ausdruck für »ungehobelter Kerl«.

dem bereits gekauften Katzenpool ihrer Wasserleidenschaft frönen, mit den Quietsche-Entchen spielen, und ich bin dann nicht mehr der hauptberufliche Katzentier-Depp – in dieser Angelegenheit.

Alle Beteiligten dieses Unternehmens hoffen das Beste.

§ 12 – Nutzung von Sanitäranlagen und deren Pflege

Die zu erfolgende Standortbestimmung der Sanitäranlagen muss ordentlich von der Katze ausgeführt werden. Eventuelle Betrugsversuche seitens des Bediensteten sind sofort anzuzeigen. Im Übrigen ist vor und nach jeder Nutzung stets eine Prüfung der Örtlichkeit durchzuführen.

Kommentar:

Der Toilettengang ist ja im Allgemeinen ein nicht so ganz einfaches Thema, und beim Bediensteten genauso wichtig wie bei den Katzentieren. Kaum jemand spricht darüber, aber dennoch kommt er mehr oder weniger oft zwingend am Tag vor.

Jeder kennt es, der Gang kommt meist ungelegen, und manchmal dauert er länger, etwa wenn noch ein bis drei Buchkapitel fertiggelesen werden wollen oder noch »schnell« das laufende Level in der Spiele-App des Smartphones beendet werden soll. Gelegentlich klingelt auch das Festnetztelefon, wenn man wirklich gerade nicht drangehen kann. Vorher hat es 4 Wochen nicht geläutet, danach wird es 6 Wochen benötigen, um wieder einen Signalton von sich zu geben.

Katzentiere sind hier erfreulich genügsam, sie verzichten vorerst noch auf Telefone, Zeitungen und Smartphones, was aber nicht bedeutet, dass sie nicht gleich viel Spaß am WC haben.

Nach mehreren durchgeführten Feldtests ist die Empfehlung zumeist, Katzen- und Bediensteten-Toilette räumlich getrennt zu installieren. Selbst der härteste Kerl hält dieses permanente Anstarren durch ein gleichzeitig die Toilette aufsuchendes Katzentier nicht aus, wenn er gerade auf dem Pott sitzt und einfach seine Ruhe haben will.

Das Streichen um die Beine oder in die Hose Reinkrabbelei ist ebenfalls überhaupt nicht hilfreich, hat man gerade selbst etwas zu erledigen. Wer jetzt der irrigen Meinung ist, man könne diese Problematik mit dem Aussperren des Katzentiers umgehen, hat noch nie einen Haufen genau vor der Tür gefunden, weil er selbst in aller Ruhe auf der Schüssel saß und just in diesem Moment das Katzentier auch dringend musste. Und das war kein Protestschiss, wie man vermuten könnte, sondern schlicht die Tatsache, dass auch Katzentiere manchmal zu faul sind, aus dem Halbschlaf aufzustehen und mit genug Reservezeit im Hintergrund sich Richtung Katzentoilette zu bewegen. Schafft es das Katzentier dann gerade noch rechtzeitig bis an die geschlossene Tür, hilft alles nix mehr; was raus muss, muss eben raus.

Der Bedienstete freut sich sicher darüber. Auch die schneidende Luft, die der Darmwind des Katzentiers hinterlassen hat, sorgt für Pippi in den Augen, und nicht vor Rührung.

In diesem Zusammenhang stellt sich dann auch theoretisch immer wieder die Frage, wie aus einem so kleinen Tier so viel Gestank kommen kann. Praktisch gesehen liegt das natürlich einfach am Verdauungssystem, das ähnlich wie bei uns Menschen aufgebaut ist, nur etwas simpler. Katzenmägen sind (relativ) auf viele schnelle Mahlzeiten ausgerichtet. Da ist alles etwas kompakter gehalten. Und ganz wichtig, damit überhaupt ein Darmwind entstehen kann: Katzentiere benötigen tierisches Eiweiß, um bestimmte Säuren für die Verdauung zu produzieren[38]. Da kann es halt auch mal etwas sti(n)ckig werden.

Aber warum wird dem Katzentier selbst davon nicht schlecht? Gegebenenfalls liegt die Antwort darin begründet, dass Rasender Buddha – der im Normalfall vornehmlich neben jemandem einen lautlosen Darmwind in die Ecke stellt und dann raketenschubartig das Weite sucht – einfach schnell

38 - Informationen zur Verdauung der Katze: http://www.welt-der-katzen.de/katzenhaltung/biologie/anatomie/innereorgane.html

genug aus der Gefahrenzone weggaloppiert (und ja, in diesem Fall galoppiert er wirklich!). Und Rollmops traut sich erst gar nicht in die Zone. Sind halt einfach clever, die zwei.

Und warum es nun so dermaßen stinkt? Das kann viele Gründe haben, zum Beispiel »falsches« Futter oder auch Erkrankungen. In meinem Fall ist es das falsche Futter. Falsch bedeutet nicht, dass es schlecht für die Katzentiere ist, sondern nur, dass es dafür sorgt, dass die beiden ziemlich müffeln. Also wurden ausreichend Toilettenhäuschen für sie in einem anderen Raum positioniert. An dieser Stelle ein stilles Dankgebet für denjenigen, der eine Gäste-Toilette beim Bau meiner Wohnung hat planen lassen.

Nachdem diese Umsetzung mit zwei getrennten sanitären Anlagen einst ausführlich mit den Miezen erörtert und auch so umgesetzt wurde, kommt es seitdem relativ problemlos zum eigentlichen Vorgang des Ausscheidens von unverdaulichen Nahrungsmitteln. Große Katze ist gleich großer Haufen. Also … sehr großer Haufen. Wer *Jurassic Park* (1993) gesehen hat, kann sich mit dem Stichwort »Triceratops-Schiss« als Gedächtnisstütze ein ungefährliches gedankliches Bild davon machen, womit es der Bedienstete der Katzentiere jeden Tag zu tun hat. Und dies auch nur an guten Tagen. Wir reden hier noch nicht davon, wie es ist, wenn die beiden Bastets Racheanwandlungen bekommen.

An guten Tagen haben wir da Rollmops, der wie schon erwähnt eine große Katze ist und leider die Angewohnheit hat, vor der eigentlichen Verrichtung erst mal das gesamte sich in der Katzentoilette befindliche Streu umzuschichten, am besten zweimal. Die Massen an Körnern, die dabei herausfallen, waren es nicht wert, unter seinen Pfoten liegen zu dürfen. Der Bedienstete wird sie mit der Teufelsmaschine (dem Staubsauger) nach dem Toilettengang entfernen.

Der Bedienstete bin ja bekanntermaßen ich, und bei dieser Gelegenheit werde ich gleich die gesamte Wohnung saugen, denn scheinbar muss sich direkt unter der Toilette eine Art Riss im Raum-Zeit-Kontinuum[39] befinden. Etwa 40 % des rausgeschleuderten Katzentier-Streus findet sich innerhalb von Nanosekunden in allen Räumen der Wohnung wieder. Eine alternative Vermutung geht in Richtung einer Verschwörung mit Captain Jack Harkness[40], oder die Katzentiere sind in Wirklichkeit aus einer anderen Dimension gekommen und verfügen über die entsprechende geheime Technologie.

Nachdem jedenfalls die Streu gerichtet wurde, werden bestimmte bereits beschriebene Abfallstoffe vom Katzentier abgesondert.

Dabei finden es beide Katzentiere sehr angenehm, den befellten Schwanz aus dem Häuschen zu stellen. Sieht schon ziemlich seltsam aus und hat so was von einem katzentierartigen Besetzt-Schild oder einem Bitte-nicht-stören-Türanhänger.

Ist das Geschäft erledigt, gilt es, nach ausgiebigem Zuscharren inklusive erneuter Rausbeförderung von gefühlten 2 kg Streu und geschätzten 5 Umdrehungen in der Toilette, hinauszutreten und erst mal alle Pfötchen sehr ausgiebig abzuschütteln. Katzenstreu ist an den empfindlichen Samtpfoten ekelhaft uncool!

Danach wird sich wieder umgedreht, die Streueinlage nochmal umgeschichtet und Teil 2 des Auftrags erledigt. Grundlegende Variation zu Teil 1: Hier wird nichts umgeschichtet oder zugescharrt. Es wird einfach sehr elegant das Klohäuschen verlassen, nochmal schnell eine Pfote von der lästigen Streu befreit und sich dann in atemberaubender Geschwindigkeit vom Tatort entfernt.

Der Bedienstete hat ab diesem Zeitpunkt noch genau 5 Sekunden Zeit, sich ebenfalls aus der Todeszone zu

---

39 - Der Begriff Raumzeit- bzw. Raum-Zeit-Kontinuum bezeichnet die Vereinigung von Raum und Zeit in einer einheitlichen vierdimensionalen Struktur.
40 - Captain Jack Harkness ist ein Charakter aus dem *Doctor Who*-Ableger *Torchwood* (2006–2011), produziert von der *BBC*.

befreien. Ansonsten steht er in dem blauen Giftgas und hofft, dass das Brennen in den Augen schnell wieder nachlassen wird.

Wir lernen spätestens zu diesem Zeitpunkt: Das fiese Katzentier will den Bediensteten leiden sehen. Eine andere Erklärung gibt es einfach nicht. Ausgerüstet mit ABC-Schutzmaske wartet dieser auf seinen Einsatz, bewaffnet mit Schippe, Eimer und Staubsauger. Bevor es allerdings an die Reinigung geht, ist die erste Regel: Fenster auf! Danach geht alles relativ schnell und das Katzentier-WC ist wieder einsatzbereit.

Der Bedienstete ist zwar zunächst genervt und muss sich auch von der extremen Geruchsbelästigung erholen, doch wenn der Rollmops ihm mit einem tiefenentspannten Gesichtsausdruck um die Beine streicht, ist alles wieder verziehen.

Auf der anderen Seite haben wir ein Katzentier, das zwar innerlich verwest, das aber wenigstens den Kram verscharrt, nachdem dieser den Miezen-Körper verlassen hat. So wabert die Stinkbombe nicht gleich durch die gesamte Wohnung (nein, ich übertreibe nicht!). Als weitere Filmreferenz empfehle ich in diesem Zusammenhang *Die Tribute von Panem – Catching Fire*[41] (2013). Die Szene mit dem tödlichen Nebel. Nur so als hilfreichen Hinweis zur besseren Vorstellung der Angelegenheit.

Teil 1 des Geschäfts ist bei beiden Katzentieren identisch, aber Teil 2 macht den entscheidenden Unterschied. Während Rollmops ja sofort Schub gibt, ist Rasender Buddha da etwas entspannter. Gut, wenn er auf dem Sofa neben dem Bediensteten »einen abreißt«, haut er auch schnell ab, aber beim Toilettengang hat er die Ruhe weg. Hier wird erst mal sehr ordentlich alles zugescharrt. Danach kommt dann der

---

41 - *Die Tribute von Panem* (2012-2015) ist eine vierteilige Filmreihe, basierend auf der gleichnamigen Romantrilogie (2008-2010) von Suzanne Collins.

immer wiederkehrende Versuch, sich nach China durchzugraben, oder auch durch die Wand der Katzentoilette. Im Durchschnitt dauert das immer etwa 4 Minuten.

Das Scharren[42] an sich ist übrigens ein Verhalten aus der Zeit, als Bedienstete noch Mangelware waren. Es betraf nicht nur den Toilettengang, sondern auch das »Zuscharren« des Futters und damit das Deponieren von Nahrung für schlechte Zeiten. Das Scharren ist nach wie vor ein Instinkt, den vor allem Rasender Buddha sehr ausgiebig zelebriert.

Tagsüber ist das kein Problem und fällt nur nebenbei auf. Hier gilt die Devise: Solange man sie hört, stellen sie nichts an. Eine Richtmarke, die, wie mir Eltern berichtet haben, für Kinder genauso gilt.

Nachts allerdings stört das Scharren doch den Schlaf des Bediensteten etwas. Da sind es dann auch wohl eher 5-7 Minuten, weil es ja dunkel ist, Rasender Buddha vielleicht eine Stelle nicht richtig abgekratzt hat und es dann sicherheitshalber nochmal nachholt.

Einziger Vorteil der brutalen Lärmbelästigung ist, dass er nicht das ganze Streu vor die Toilette befördert, sondern nur einen kleinen Anteil. Zu viel, um es zu ignorieren und eigentlich zu wenig, um den Staubsauger anzuwerfen. Irgendwann kommt der Zeitpunkt, wo man als Putz-Bediensteter einfach auf den nächsten Toilettengang wartet, bei welchem wieder jede Menge Streu vor der Katzentoilette und der Wohnung verteilt werden wird, damit man seinem liebsten Hobby, dem Staubsaugen wieder nachgehen kann. Die süßen kleinen Krümel, die man zwischenzeitlich selbst an den Füßen, Socken oder Schuhen hängen hat, sollte man ignorieren oder sich die Pfoten-Schüttel-Technik der Katzentiere abschauen. Ohne Fleiß eben kein Preis, und man kann einfach nicht alles haben.

---

42 - Informationen zum Scharren: http://www.katzenkitten.com/katzensprache-katzenverhalten/fragen/katze-scharrt-neben-dem-napf

Also bleibt weiterhin der Staubsauger nahe dem Raum mit den Toiletten stehen, die Maske, Schippe und der luftdichtverschließbare Streueimer stehen in Greifweite, und der Bedienstete ergibt sich seinem Schicksal. Das schließt auch ein, dass man bei einem eventuellen Überspringen des Reinigungsrhythmus für selbiges Buße tun muss. In dem Sinne, dass man dann gleich die gesamte Räumlichkeit reinigen und desinfizieren darf, denn Urin und Kot finden sich nun vor der Katzentier-Toilette wieder.

Katzentiere als sehr auf Sauberkeit (siehe hierzu den nachfolgenden Paragraphen) bedachte Zeitgenossen finden es nämlich sehr unschön, wenn das Reinigungspersonal in dieser Hinsicht versagt. Abgesehen davon mögen sie keine Veränderungen. Und das Vergessen oder Aussetzen der Toilettenreinigung ist eine sehr große Veränderung.

Daher ist es auch ratsam, im Zweifelsfall lieber mal eine Katzentoilette mehr aufzustellen. Es zahlt sich relativ schnell aus, rechnet man die Reinigungsmittel und die Zeitinvestition dagegen.

§ 13 – Reinigung des Fellkleids

Ein sauberes Fellkleid soll für jedes Katzentier höchste Priorität haben. Daher soll bei jeder Gelegenheit, unabhängig von Tageszeit oder im Geschehen befindlichen Ereignissen, der Reinigungsprozess gestartet werden.

Kommentar:

Katzentiere haben einen sehr durchgeplanten und durchgetakteten Tages- beziehungsweise Nachtablauf. Zunächst schlafen sie 12-18 Stunden. 70 % der verbleibenden Zeit wird für das Putzen aufgebracht, 20 % für körperliche Aktivitäten und das Schikanieren ihrer Bediensteten und 10 % für Fresschen und Toilettengang.

Das ausgiebige Putzen ist dabei tatsächlich einen eigenen Paragraphen wert. Kaum ein anderes Tier nimmt es mit der körpereigenen Hygiene so genau wie das Katzentier. Das fällt mir besonders dann ein, wenn ich im Supermarkt wieder einmal so eine menschliche Stinkbombe vor mir in der Kassenschlange stehen habe.

Aber zurück zur Katzentier-Hygiene, aus welcher sogar fast eine eigene Yoga-Lehre entstanden wäre. Fast deshalb, da es für nahezu alle Menschen anatomisch unmöglich ist, sich so zu bewegen wie die Miezen bei ihren dauernden Putzvorgängen.

Nachstehend sind die goldenen Positionen des Katzentier-Yoga angeführt.

Sehr einfach beginnen die Fellnasen mit der 1. Position des Katzentier-Yoga, der Sphinx: Das Katzentier liegt in einer Sitzposition und putzt sich ausgiebig die samtigen Vorderpfoten. Wichtig ist hierfür eine möglichst ebene Fläche. Gerne können als Unterlage aber auch Fernbedienungen, Handys oder Tablets genutzt werden.

Sollte der Bedienstete den Anschein erwecken, eines der genannten Dinge zu brauchen – einfach nicht bewegen und den Bediensteten weitersuchen lassen.

Direkt im Anschloss folgt die umgelegte Sphinx. Katzentier lässt sich richtig lässig auf die Seite fallen und ermöglicht durch das Anheben der Vorderpfote das Putzen des oberen Bauchbereichs. Dabei soll dem Bediensteten durch leises Schmatzen angezeigt werden, dass die großen rituellen Waschungen begonnen haben und durch nichts unterbrochen werden sollen. Die umgelegte Sphinx kann auch auf unebenem Grund ausgeführt werden. Abgeraten wird allerdings von der Positionierung auf Sofalehnen oder schmalen Fensterbänken, da es hierbei zu nicht geplanten, sehr schnellen Positionsveränderungen kommen kann.

Eine Erweiterung von letztgenannter Position stellt das Putzen der Pfote dar, welche sodann über den Katzentier-Kopf und die Ohren geführt wird, die Kralle der Sphinx genannt. Neben dem reinigenden Effekt wurde festgestellt, dass die Bediensteten diese spezielle Vorführung als sympathisch ansehen, und so steigt auch die Chance auf eine Leckerchengabe.

Eine gänzlich andere Katzentier-Yoga-Folge wird aus der sitzenden Position gestartet. Die plüschige Arschhebemaschine oder auch kurz Plumpsfigur genannt. Da gibt es zunächst den Beinstrecker. Das Katzentier sitzt auf dem Plüschpopo und streckt eines der Hinterbeine so weit in die Luft, dass die Pfote etwa 1 cm über dem Katzentierohr steht.

Randbemerkung: Ich hätte mir alleine bei dem Versuch bereits den Oberschenkel ausgekugelt oder die Hüfte verrenkt.

Nun beginnt die ausführliche Reinigung des unteren Bauches und der hinteren Beinansätze. Ist dieser Prozess abgeschlossen, kann das Katzentier beim Herunternehmen der hinteren Pfote diese ebenfalls in den Reinigungsprozess eingliedern und eine Komplettreinigung vornehmen. Da dabei auch die gespreizten Krallen ein wenig mit den Zähnen bearbeitet werden, nennen wir diese Position den Großen Krallennager. Und groß ist hier wörtlich gemeint. Wenn zum Beispiel Rollmops diese Yoga-Position ausführt, erreicht seine Pfote die Dimensionen eines großen Esslöffels.

Damit dürften dann auch die Kratzer an den Gliedmaßen der Bediensteten geklärt sein. Nein, war kein Berglöwe, nur ein großes Hausplüschie.

Empfohlen wird bei dieser Yoga-Position eine stabile und ebene Unterlage. Sollte dies nicht machbar sein, darf gerne ein Sofakissen zur Abstützhilfe genommen werden, oder das Katzentier möge zu Beginn der Yoga-Sitzung erst mal in der Hängematte des Kratzbaums die Übung ausprobieren. Theoretisch kann auch der Arm des Bediensteten hinzugezogen werden, der ursprünglich nur den Bauch streicheln sollte, aber auch eine praktische Beinablage ist.

Die beschriebenen Positionen dienen eher der praktischen Reinigung und es gibt noch einige mehr, die aber bei weitem den möglichen Umfang dieser Kommentierung sprengen würden. Schreien Sie nun entweder nach Verbrennung oder nach einem erweiterten Gesetzesteil samt Kommentierung – abwarten und Brekkies kaufen. Wie es ausgeht, wird sich zeigen.

Das Ritual des Putzens wird übrigens von Katzentieren auch immer dann ausgeführt, wenn eine Situation nicht so gelaufen ist, wie sie vom Katzentier erwartet wurde. Rasender Buddha ist darin ein wahrer Experte. Zugegebenermaßen ist er ziemlich tollpatschig. Zwar hat er sich mit dieser Tatsache sehr gut in die Bediensteten-Familie integriert, jedoch führt dieser Umstand zu meistens sehr schmerzhaften Begebenheiten, die nur durch das sofortige, hektische und überschwängliche Putzen zu lösen sind. Egal ist dabei, ob er gerade mal wieder vom Kratzbaum gekracht ist, nachdem er sich mit Rollmops battlen musste oder ob er bei einer der wilden Jagden durch die Wohnung die letzte Kurve nicht richtig bekommen hat und nun ziemlich bedröppelt auf dem Badezimmerteppich sitzt. Putzen hilft immer, und es signalisiert: Das war alles so geplant. Genau so, nie anders! Ganz egal, wie sehr es gerade wehgetan hat. Das Putzen sagt, es sollte so.

Vornehmlich tun das auch beide Katzentiere, wenn sie etwas angestellt haben. Getreu dem Motto, wenn es weggeputzt werden kann, war es sicherlich nicht so schlimm.

Menschen zeigen dieses Übersprungverhalten übrigens auch, etwa wenn sie *La Paloma* pfeifen oder auffällig unauffällig in eine andere Richtung schauen.

Als einer der letzten Hauptanlässe für das Putzen steht noch das Wichtigste im Leben des Katzentiers aus, das Fressen. Da wird sich zunächst einmal etwa eine halbe Stunde vor der eigentlichen Fütterungszeit der Scheitel zurechtgelegt. Nachdem die Haare und die Frisur sitzen, geht man zum Dinner, welches gerade angerichtet wird. Es ist selbstverständlich darauf zu achten, dass die Frisur beim Antreiben des Bediensteten auf schnellere Zubereitung nicht durcheinandergerät.

Nachdem es gemundet hat und die Bediensteten das Schlachtfeld, das früher mal der Küchenboden war, aufgeräumt haben, zieht sich das Katzentier von Welt ins Kaminzimmer … äh … Wohnzimmer zurück. Im Sommer setzt man sich in den Schatten, im Winter auf die Fensterbank über der Heizung. Hat das Katzentier nach mehreren Versuchen endlich das richtige Plätzchen gefunden, geht's erst richtig los. Unter lauten Schmatzgeräuschen wird zunächst ausgiebig das Schnäuzchen geputzt. Fast ekstatischer als vor dem abendlichen Schmaus. Ist auch das letzte Schnurrhaar klinisch rein, werden andere eventuell mit Futter in Berührung gekommene befellte Körperregionen gereinigt. Natürlich unter Zuhilfenahme der 10 Katzentier-Yoga-Positionen.

Danach ist das Katzentier so ausgepowert, dass nichts anderes hilft als ein guter fünfstündiger power nap. Am besten auf dem Schoß des Bediensteten, der sich dann bitteschön nicht zu bewegen hat. Und wenn doch, werden einfach die Krallen etwas ausgefahren, um den Angestellten daran zu erinnern, wo sein Platz ist.

Hat das Katzentier ausgeschlafen, ist noch eine kleine Wellnessanwendung fällig. Neben einer ausgiebigen Massage sollte das Fell mit 100 Bürstenstrichen gepflegt werden. Also, 100 Bürstenstriche über den Kopf, 100 Bürstenstriche über den Hals, 100 Bürstenstriche über den Bauch, den Rücken, die Beine, den Schwanz … und dann, nur um wirklich sicherzugehen, nochmal 100 Striche über den Kopf. Die Unmengen von Haaren, die dabei rausgekämmt werden, reichen durchaus, um ein Kopfkissen zu füllen, besonders wenn das Thermometer die Grad-Marke von 20 überschreitet. Danach sitzt immerhin ein wunderschönes, samtweiches und sehr plüschiges Katzentier auf dem Sofa.

Der Bedienstete hingegen hat mehr so etwas von Aschenputtel nach dem Linsenaussortieren – über und über mit Haaren übersät, die vor allem bei dunkler Kleidung wunderbar sichtbar sind. Das kostet dann erst mal wieder eine halbe Fusselrolle, um ansatzweise den Stoff unter den Haaren zu erahnen. Das Sofa hatte auch einmal eine andere Farbe und Musterung, doch auch hier können die Fusselrolle und viel Zeit helfen, es wieder in einen nutzbaren unbehaarten Zustand zu bringen.

Doch es kommt so, wie es bei den Haaren immer so ist: Am darauf folgenden Tag sind sie wieder da, und das Putzen beginnt von Neuem.

Dieser perfekte Übergang bringt in Sachen Säuberung zu guter Letzt dann die Pfotige Fusselrolle ins Spiel. Die Katzentiere werfen (!) sich auf den Boden und rollen sich auf den Rücken, je nach Tagesform mit oder ohne einem Miauen. Die vorderen Pfötchen sind dabei vor der Brust anzuwinkeln, sodass es beinahe einer Hasenimitation ähnelt. Danach sind die Hinterläufe zunächst zu zentrieren und langsam abzusenken. Ist hier die Endposition erreicht, ist der linke Hinterlauf, das Yoga-Pfötchen, in Richtung Boden, weg von der zentrierten Position abzuklappen. Danach sollte sich das Katzentier nicht mehr bewegen, um seinem Bediensteten die Möglichkeit zu geben, sich mit einem sich totstellenden Katzentier abzugeben und eine ausführliche Bauchmassage durchzuführen.

Somit dürfte wohl klar sein, dass alle Positionen des Yoga hauptsächlich dafür da sind, um Streicheleinheiten zu erhaschen. Die Katzentiere haben es einfach drauf!

Abschnitt 5
Veterinäre Handlungsspielräume

§ 14 – Ferndiagnose bei Krankheiten

Um ihren Bediensteten stets zu voller Aufmerksamkeit anzuhalten, soll jede Katze bei Beschwerden und Unwohlsein auf andere Weise reagieren. Von Simulation seitens der Katze wird abgeraten, da es dadurch zu inkorrekten Therapien kommen kann.

Kommentar:

Wie bei uns Menschen kann es durchaus mal vorkommen, dass die geliebten Katzentiere erkranken. Manchmal ist es bei mir und meinen Mitbewohnern nur ein kleiner Kratzer, der bei einer Reiberei entstanden ist oder ein gerötetes Auge.

Es kann auch mal eine abgefetzte Kralle oder ein größerer Kratzer sein, zum Beispiel wenn Nachbars-Katzentier Pirat wieder eins auf die Zwölf bekommen hat. Alles kleine Dinge, die mit Hilfe der ziemlich gut (besser als die für die Bedienstete) bestückten Katzentier-Hausapotheke behandelt werden können. Nach einer Weile ist man auch ziemlich geübt darin, das Katzentier mit einer Hand beziehungsweise einem Arm (der gut wattiert und verpackt ist – reiner Selbstschutz!) festzuhalten und mit der anderen zu behandeln. Ich gebe allerdings zu, ich habe auch recht liebevolle Katzentiere, die jeden Mist mitmachen und sich nur wehren, indem eine Pfote (ohne Krallen) versucht, meine Hand wegzuschieben.

Aber gelegentlich kommen auch größere Wehwehchen vor. Rollmops rennt in diesen Fällen einfach vor mir weg, und Rasender Buddha verkriecht sich unter dem Bett, und zwar so, dass niemand an ihn herankommt. Dies ist für mich ein unverkennbares Indiz, dass wir wieder mal zum Onkel Doc müssen. Und da wird dann nicht lange gefackelt. Auch wenn Rollmops eine alte Plaudertasche ist, kann er mir leider nicht erklären, was ihm wehtut oder warum es ihm nicht gut geht. Und ich selbst habe meine medizinischen Kenntnisse (dazu eher noch die aus der Humanmedizin) aus dem Fernsehen, also von *M*A*S*H*[43] und *Dr. House*[44]. Und da wir hier weder in Korea sind noch eine der Miezen Lupus hat, muss in meinem Fall die Tierärztin her.

Für solche Notfälle habe ich mir bei Anschaffung der Katzentiere einen Krankenversicherungs-Fonds angelegt. Keine richtige Versicherung, sondern ein kleines Depot, wo jeden Monat etwas des mühsam verdienten aktuellen Zahlungsmittels hin transferiert wird. Nicht, dass mal wieder so viel Monat am Ende vom Geld übrig ist und ausgerechnet dann die Tierarztrechnung im Briefkasten liegt. Erfahrungsgemäß kommen Rechnungen grundsätzlich total ungelegen.

Wenn wir dann nach dem Ausflug wieder daheim sind, ist das Konto etwas leerer, das entsprechende Katzentier auf dem Weg der Besserung und ich seelisch und moralisch am Ende. Warum dies so ist, wird ausführlich im Kommentar zu *§ 15 – Anfahrt zum und Aufenthalt beim Veterinär* behandelt.

Erfahrungsgemäß macht das mit dem kleinen Depot für Notfälle nicht jeder. Manche brauchen es schlicht nicht, andere fragen lieber so lange andere Katzenbesitzer, vornehmlich mit Hilfe von Doktor Internet, bis das Katzentier gesund gepfuscht wurde. Oder auch nicht.

Nicht falsch verstehen: Es ist eine Sache, mit anderen Bediensteten darüber zu diskutieren, welches Futter das Beste ist und das schönste Fell macht, oder ob der Kratzbaum von *Schmitt* stabiler ist als der von *Meier*. Ein

---

43 - *M*A*S*H* (1972–1983) ist eine tragikomische US-Fernsehserie, die in einem mobilen Feldlazarett der US Army (Mobile Army Surgical Hospital) spielt, und zwar während des Koreakriegs. Die Serie basiert auf dem Film *MASH* von Robert Altman von 1970.

44 - *Dr. House* (2004–2012) ist der Titel einer US-amerikanischen Fernsehserie rund um den Arzt Dr. Gregory House. House ist Spezialist für Diagnostik und eigentlich von Haus aus Nephrologe.

wenig Erfahrungsaustausch bei Katzentierzubehör finde ich durchaus positiv, so bin ich immerhin dazu gekommen, Pfeifenreiniger zu kaufen, welche nun das liebste Spielzeug der Miezen sind. Die können so schön über das Laminat geschossen werden. Gut, es tut teilweise verdammt weh, wenn man drauftritt, barfuß, morgens im Halbschlaf. Aber man muss für seine Katzentiere einfach Opfer bringen, mögen sie auch noch so schmerzhaft sein.

Auch der Hinweis in diversen sozialen Medien auf eine wirklich gute Fellbürste war bei meinen sehr haarigen Fellnasen ein Gold-Tipp.

Doch was ich (persönlich) mehr als grenzwertig finde, sind Bedienstete, die erst mal bei *Facebook* & Co. ein Bild des kranken Katzentiers samt ausführlicher Beschreibung posten und fragen, was nun zu tun sei. Wenn nach einer Stunde noch niemand einen Kommentar geschrieben hat, kommt dann der Zusatz, dass es dem Katzentier ja immer schlechter gehe und ob denn hier niemand einen hilfreichen Rat parat hätte.

Ja doch, schreibe ich in solchen Fällen. Mir fällt jetzt spontan ein, dass man das Katzentier zum Tierarzt bringen sollte und zwar so schnell wie möglich. Leute auf *Facebook* etc. können gute Katzentoiletten oder Zeckenzangen empfehlen, sind aber kaum dazu geeignet, medizinische Diagnosen zu stellen und Therapien zu empfehlen.

Daraufhin ist man zunächst etwas verunsichert, denn so krank ist das Tier ja nun auch wieder nicht, glaubt man jedenfalls. Nur so ein bisschen neben der Kappe und ein bisschen Durchfall. Na ja, und das mit dem Fressen war auch schon besser, aber so schlimm, dass man zum Tierarzt müsste, wäre es wohl nicht.

Ein anderer Verfechter der Tierarztbesuchs-Theorie weist auch nochmal darauf hin, dass, wenn es dem armen Vieh nicht gut geht, es überhaupt keine Frage sein dürfe, was man denn nun tun soll. Also ab zum Doc.

Das Spiel wiederholt sich gefühlte zweihundertmal, zeichnet sich durch emotionale Hochs und Tiefs aus und dauert bis zum nächsten Tag. Dann war man doch noch mit dem Katzentier beim Fachmann, weil es nachts noch zweimal sein Innerstes nach außen gekehrt hat, direkt ins Bett des Bediensteten.

Und was hat nun der arme Kerl?

'Ne kleine Magenreizung. Und wir hätten deswegen so einen Aufstand geprobt, dass man schon Darmkrebs befürchtet hatte. Man hatte ja auch schon die Symptome zusammengegooglet. Boah super. Hammerleistung, das Googlen – aber echt jetzt!

Gebe ich bei *Google* den Suchbegriff »plötzlich auftretende blaue Flecken« ein, werden Krankheitsbilder von normaler Blessur bis hin zu Leukämie genannt. Oder googlen Sie doch mal die Symptome der letzten Erkältung. Da kommt auch alles raus, von Schnupfen bis Maul- und Klauenseuche.

Na, sagen dann die gemäßigten Gruppenfreundinnen, wäre doch nochmal alles gut gegangen. Und lieber einmal zu viel hin als zu wenig.

Ja, stimmt, da haben die anderen schon Recht. Aber der Tierarzt war so unverschämt teuer. Und unhöflich. Angesehen davon musste sie auch noch so lange warten, obwohl es dem Katzentier so schlecht ging.

Das sind die Momente, in denen ich das Bedürfnis habe, meine Stirn auf den Schreibtisch zu schlagen, immer und immer wieder. Leider würde das mir nur heftige Kopfschmerzen bescheren, und das arme Katzenvieh müsste immer noch mit Hilfe von *Facebook*-Tipps gesunden. Ob man dieses Verfahren wohl auch bei sich selbst anwenden, also sich digital quacksalbern würde?

Hm, schwierige Frage, wie man mir mitteilt. Immerhin haben die meisten Leute ja eine Krankenversicherung, da wäre es ja nicht so das Problem, was die Kosten angeht.

I am not amused!

Futternapf ist leer!?!

Ich bin dein Gott! Knie nieder!

Einmal Pediküre und Fußmassage bitte.

Das offizielle Foto seiner Majestät.

Und heute in Schöner Wohnen: Katzen-Deko

Wo bleiben die Cocktails?

Seien Sie nicht traurig, Admiral.
Seien Sie logisch!

Wenn es schon keinen Pool gibt …

Wer braucht schon ein Bügeleisen?
Kann das Katzentier genauso gut.

Büroarbeit ist für heute erledigt.

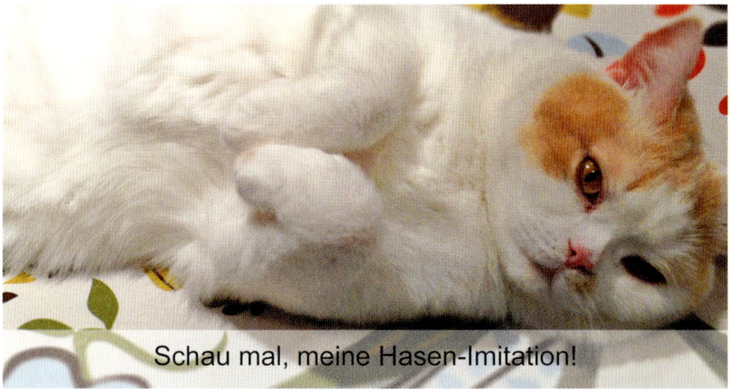

Schau mal, meine Hasen-Imitation!

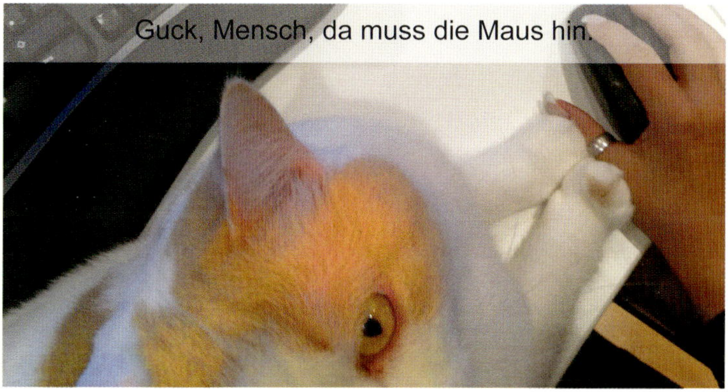
Guck, Mensch, da muss die Maus hin.

Warum sollte ich nochmal beeindruckt sein?

Wir haben nix gemacht! *Bros müssen zusammenhalten*

We are sexy and we know it.

Blumen? Für mich?

Daraufhin kommt von mir ein noch viel längeres Hmmm. Es gibt auch für Katzentiere Krankenversicherungen. Zwar ist dort das Tarifdickicht schwer durchdringbar, aber jeder hat die Chance, eine abzuschließen. Von ganz preiswert mit wenigen Leistungen bis hin zur eierlegenden Wollmilchsau, die aber durchaus dementsprechend kostet. Abgesehen davon sind wir Menschen auch nicht so rundum-sorglos versichert, wie man gerne meint. Offensichtlich hat die Dame mit dem kranken Katzentier die liebevoll erstellten Hinweisblätter in Arztpraxen vergessen, auf welchen einem Untersuchungen empfohlen werden, die leider extra kosten und nicht in den Leistungen der gesetzlichen Krankenkasse inkludiert sind. Da kann man auch ziemlich schnell mal gezwungen sein, den Bausparvertrag anzubrechen.

Aber da man ja nicht das Gesundheitssystem diskutieren wollte, nur weil ein kleines plüschiges Katzentier etwas Bauchweh hatte, wird das Thema geschlossen. Immerhin geht es ihm ja jetzt wieder super gut, er frisst wieder und der Stuhlgang ist auch normal.

Im Geheimen hoffe ich, dass das kleine Vieh trotzdem nochmal ordentlich eine Magen- beziehungsweise Darmentleerung im frisch bezogenen Bett vornimmt, so rein aus Prinzip.

Denn es hätte dem Katzentier schon einen Tag früher bessergehen können. Und der Bedienstete hätte dann auch keine schlaflose Nacht gehabt, nachdem er diverse Symptome bei *Wikipedia* nachgelesen hat. Bestimmt hätte es von Fußpilz bis FIP[45] alles sein können.

45 - FIP, die Feline Infektiöse Peritonitis, ist eine Infektionskrankheit, die ausschließlich Katzen befällt. Der Name leitet sich von der häufigsten klinischen Manifestation ab, der Bauchfellentzündung (Peritonitis). Es kann auch lediglich das Brustfell betroffen sein, weshalb manchmal auch der Name Feline Infektiöse Polyserositis verwendet wird. Ein Krankheitsbild kann zudem ohne jede Beteiligung der Serosa (Auskleidung der Körperhöhlen) auftreten. Die Erkrankung, die weltweit auftritt, endet in aller Regel tödlich, ist es einmal zu einer klinischen Manifestation gekommen.

Auch die Argumentation, dass andere sich eben eher einen Tierarztbesuch leisten können als man selbst, ist wahrlich nicht gut gewählt. Ich kaufe mir ja auch kein Auto, wenn ich mir anschließend den Unterhalt nicht leisten kann. Wobei: Ein Auto kann ich einfach irgendwo abstellen. Ein Katzentier eher weniger. Und – zumindest vertrete ich diese Meinung – wenn ich mir ein Tier anschaffe, muss ich eben auch von vorherein Kosten für medizinische Versorgung einplanen. Das sollte so selbstverständlich sein wie, dass ich Futter und Katzenstreu im Hause habe. Und selbstverständlich einen sehr großen Vorrat an Snacks und Leckerchen.

Na ja, wird dann leicht zähneknirschend zugegeben, das hat man vielleicht doch ein wenig unterschätzt. Das Katzentier an sich war ja schon ein teurer Spaß, war halt keine Wald- und Wiesenkatze wie die vom Nachbarn, sondern ein Plüschie-Langhaar. Und es ist ja nochmal alles gut gegangen. Nächstes Mal wird das besser laufen, es gab ja Geld von Mama dazu.

Gut gegangen. Ja, diesmal. Ich weiß immer noch nicht, ob ich mich weiter aufregen möchte oder ob ich mir einfach um das Katzentier Sorgen machen soll, dass es demnächst wieder verkauft wird. Schutzvertrag hin oder her. Vielleicht wird aber ja auch wirklich alles gut, und das Katzentier wird ab sofort gleich zum Tierarzt gebracht, ohne dass *Facebook* und Konsorten konsultiert werden.

Ich persönlich diskutiere in sozialen Medien wie gesagt lieber über die bestmögliche Kombination von Futtermitteln in Bezug auf Toiletten und Streu. Oder darüber, ob das letzte *Simon's Cat*-Video lustig war oder wer das schönste Katzentier hat.

Solche Debatten gestalten sich zumeist genauso episch und inhaltlich ergiebig wie die Gewissensfrage »3- oder 4-lagig«. Oder ob nun *Futterschüssel* oder *Zoo-König* die besten Schnäppchen hat, und ob es sinnvoll ist, ein Kuschelkissen zu kaufen. Oder ob es eine gute Idee ist, Dinge nachbauen zu wollen, die man für das Katzentier auf *Pinterest* gesehen hat. Kurz gesagt alles Dinge, die weder Leib noch Leben bedrohen.

Oh ... es gibt ein neues *Ruthe*-Comic. Beim Tierarzt mit einer Katze … Wie passend.

§ 15 – Anfahrt zum und Aufenthalt beim Veterinär

Sollte das Aufsuchen eines Tierarztes in dessen Praxis notwendig sein, hat die Katze lautstark ihren Unwillen darüber auszudrücken. Der Bedienstete hat dafür zu sorgen, dass sowohl die Anfahrt als auch der Aufenthalt so kurz wie möglich und angenehm für die Katze gestaltet werden.

Kommentar:

Im Durchschnitt ist es einmal im Jahr so weit: Der über alles verhasste Tierarztbesuch steht an. Rollmops und Rasender Buddha timen es meistens so, dass alle paar Monate entweder eine pfotengreifliche Diskussion unter Brüdern bei Rasender Buddha eine dicke Backe verursacht oder Rollmops wieder mal 'ne Bindehautentzündung nimmt. Es wäre ja auch zu viel verlangt, sich mal die Augen richtig zu putzen, aber was soll's. Katzentier denkt gar nicht dran. Daher: Lernen durch Schmerzen. Wer in dieser Konstellation lernt und wer Schmerzen hat, ist auf den ersten Blick jedoch gar nicht so klar erkennbar.

Diesmal ist Rasender Buddha dran mit dem Ausflug. Impfung steht auf dem Programm. Die Transportbox wird aus der Zimmerecke geholt, wo sie bekanntlich auf Anraten der Züchterin immer steht. Rasender Buddha sitzt sogar bereits darin. Warum die Box einer der Lieblingsschlafplätze nach dem Sofa und dem Bettvorleger ist, weiß keiner so genau, es wird aber vermutet, dass es etwas mit der bereits bekannten Karton-Affinität zu tun hat. Lohnt sich auch nicht besonders, sich darüber tiefergehende Gedanken zu machen. Toll ist nur, was es bewirkt. Es gibt keine Endlos-Diskussionen mit dem Rasenden Buddha darüber, ob er in die Box will, muss oder soll. Und das völlig ohne Kratz- und Bissverletzungen an Bediensteten-Gliedmaßen! Dafür sollte man den Katzentieren einfach mal dankbar sein.

Nach einem weiteren prüfenden Blick in die Box, ob Rasender Buddha auch angenehm gebettet ist, wird das Türchen zugemacht. Ab hier beginnt nun das musikalische Drama in mehreren Akten. Ich bin noch nicht richtig mit mir und dem Katzentier samt Transportbox aus der Tür, als das erste dramatische Miauen aus der Box dringt. Zur Info: Das Plüschie wird in der Box so sanft getragen wie ein Neugeborenes.

Bis zum nächsten Hilfeschrei des eingesperrten Katers habe ich es wenigstens zum Auto geschafft, werde aber dann dort von der netten Nachbarin gefragt, was denn der arme kleine Kerl hat. Ich, immer noch die unförmige und etwa 10 Kilogramm (8 kg Kater, 2 kg Box) schwere Box haltend, erkläre kurz, dass alles okay ist, nur Routine, und dass Kater gerade ein bisschen auf Dramaqueen macht.

Zur Bestätigung kommt ein qualvolles Miauen aus der Box. Ich verabschiede mich und verfrachte Cat in the Box ins Auto.

Die Fahrt ist auf den ersten paar Minuten eigentlich recht angenehm. Ab und zu höre ich, wie Rasender Buddha versucht, Schrödingers Katze auf seine eigene Weise zu imitieren, aber auf einmal ist da nur noch Stille. Kein Miauen, kein an der Box Kratzen, kein einziger Ton.

Ich gebe zu, solche Stille macht mich an dieser Stelle sehr nervös. Eltern von Kindern kennen diese Gefühlslage ja auch, irgendwo zwischen Hoffen und Bangen, dass die Kurzen nichts angestellt oder sich verletzt haben.

Wer weder Kinder noch Katzen hat, kennt diesen Zustand zwischen angstvoller Erwartung und blanker Panik gegebenenfalls aus Filmen oder Serien. Kein Darsteller macht einen Mucks, dem Komponisten des Soundtracks ist auch nichts Passendes eingefallen – und dann passiert etwas. Nennen wir es einfach in Anlehnung an *Game of Thrones* die Rote-Hochzeit-Vorahnung.[46]

---

46 - Eine Erklärung zur Roten Hochzeit ohne inhaltlichen Kontext zu geben, ist nahezu unmöglich. Zur weiteren Information sollten Sie sich die *Game of Thrones*-Episode einfach ansehen. Und die ganze Serie am besten gleich dazu.

Als ich die Spannung nicht mehr aushalte, spreche ich Rasender Buddha an. Hauptsache, ich höre wieder was von der Katze. Ja … hören – und wie! Hatte ich beiläufig schon mal erwähnt, dass man sehr vorsichtig damit sein soll, was man sich von seinem Kater wünscht? Vergessen. Verdammt.

Während der nun folgenden restlichen Autofahrt schreit der Dicke jedes Miau mit einer solch langgezogenen Euphorie und melancholisch leidendem Unterton raus, dass sich sogar Fußgänger an einer Ampel umdrehen und mich im Auto anschauen. Die Fenster habe ich übrigens nicht runtergelassen. Die glauben, ich bin wahlweise eine Rabenmutter und eine Tierquälerin, da man mittlerweile nicht mehr unterscheiden kann, was da von der Rückbank schreit, denn die Oktaven der Töne wechseln sehr schnell.

Ich fahre weiter, sehe aber noch im Rückspiegel, dass man sich etwas notiert, sehr wahrscheinlich mein KFZ-Zeichen. Drauf geschissen, ich muss jetzt mit dem Vieh zum Tierarzt, und das in den nächsten 10 Minuten, sonst ist das Wartezimmer voll bis unters Dach, und ich bin mit der pelzigen Sirene über Stunden hinweg zum Warten verdammt.

Tatsächlich kommen wir ohne weitere Zwischenfälle, dafür aber mit ordentlichem Gehörschäden beim Tierarzt an. Die Katzengöttin ist diesmal gnädig – wir bekommen einen der wenigen Parkplätze direkt vor der Praxis.

Ich glaube daraufhin ja schon wirklich, dass das schlechte Karma für heute Feierabend gemacht hat oder bei den kinderliebenden Tierschützern von der Ampel hängen geblieben ist.

Ha! »Karma is a cat-ing Bitch!«, höre ich eine Stimme aus dem Hintergrund meiner Gedankenwelt und bekomme prompt ein sehr ungutes Gefühl. Trotzdem betrete ich mutig und entschlossen die Praxis mit dem schreienden Kater.

»Oh, wie schön. Rasender Buddha ist wieder da«, wird das Katzentier von der netten Arzthelferin begrüßt. Sie hat den

Dicken wohlgemerkt weder gesehen, noch die Box, die vor der Theke steht, sondern ihn nur gehört, die alte Heulboje. Der wird auch erst mal mit einer Knabberstange versorgt, bevor man sich um mich kümmert. Finde ich gut, Patienten sollten immer vorgehen. Die Boje ist 90 Sekunden lang verstummt, und die Dame kennt netterweise den Kater. Also doch sicher auch mich, als diejenige mit dem Geldbeutel.

»So, jetzt müssen Sie mir aber nochmal Ihren Namen für die Rechnungsadresse sagen und warum der Rasende Buddha heute hier ist.«

Der Kater ist doch sicher privat versichert, oder?, geht es mir durch den Kopf.

Ich spare mir den Atem, stelle mein gekränktes Ego hinten an und gebe die gewünschten Informationen preis. Danach darf ich mich mit der Heulboje ein wenig ins Wartezimmer setzen, so 15 Minuten lang, heißt es. Das geht ja noch, überlege ich.

3 Tiere sind vor uns dran: Ein rotgetigerter Kater Marke Garfield[47], ein Schäferhund – der als astreines Kommissar-Rex[48]-Double durchgehen würde – und ein junger Wackel-Dackel. Während ich mich setze und den mittlerweile verstummten Rasenden Buddha abstelle, frage ich mich, warum die Rechnungszahler vom Roten Raser und von Rex so angespannt wirken. Nur Klein-Waldis Zahler scheint tiefenentspannt. Ein Herr, ich schätze mal um die 60 Jahre alt und Dackelliebhaber aus Leidenschaft. Was aber nicht gleichbedeutend damit ist, dass er auch nur minimalen Tierverstand besitzt, wie ich gleich leidvoll erfahren muss.

Während ich mich noch wie ein Keks darüber freue, dass sich Rasender Buddha ein bisschen gefasst hat und sich mit dem Roten Raser von Box zu Box gerade anfreundet, fängt Waldi an.

---

47 - Garfield ist eine berühmte Comicfigur, deren Geschichten schon seit 1978 erzählt werden. Der titelgebende tierische Protagonist liebt Lasagne über alles.

48 - In der österreichischen Krimiserie *Kommissar Rex* (seit 1994) spielt der Polizeihund Rex die Hauptrolle.

Es ist nicht unbedingt die Lautstärke, aber dieser fiepsige Ton, der nicht genau weiß, ob er ein Bellen oder ein Heulen werden möchte … Der trifft genau den akustisch empfindlichen Hörnerv von allen Anwesenden, außer Papa Wackel-Dackel. Der lobt das Waldilein brav dafür, dass es Laut gemacht hat.

Ich merke schon, wie die Halsvene zu pulsieren anfängt. Bei mir wohlgemerkt, Rasender Buddha und Roter Raser haben sich in ihren Boxen in die hinterste Ecke verzogen und auf die Größe einer Kaffeeuntertasse zusammengerollt. Bei einem 8 kg Kater eine bemerkenswerte Leistung.

Kommissar Rex hingegen ist aufgestanden und fängt an, nervös hin und her zu traben. Bei zwei verbundenen Pfoten ziemlich suboptimal. Das finden der Besitzer, die Arzthelferin, die das sich anbahnende Drama kommen sieht, und ich auch. Da Rex der nächste in der Warteschleife ist, wird er schon mal in einem extra Behandlungszimmer geparkt. Der hat es gut.

Wir anderen müssen weiter bei dem Krawalldackel bleiben. Waldi ist ja wirklich ein schönes Tier und sieht auch echt fit aus, wie er so durch die Gegend turnt. Aber trotzdem muss er der Transportbox von Rasender Buddha nicht so nahekommen. Bevor ich noch etwas sagen kann, rettet erneut die Arzthelferin auf der Torlinie und holt den Roten Raser ab.

Ich denke mir noch, dass es ja jetzt nicht mehr lange dauern kann und schaue nach dem Rasenden Buddha, der immer noch nervös zusammengerollt ganz hinten in der Ecke ausharrt. Ich überlege, ob ich die Box aufmachen und den Dicken etwas streicheln soll, als der halbstarke Wackel-Dackel wieder den Aufstand probt.

Und was macht der Hausmeister-Krause-Imitator[49] in seiner ganzen Beknacktheit? »Waldi, machst brav Laut, feiner Dackel.«

---

49 - Die Comedy-Fernsehserie *Hausmeister Krause – Ordnung muss sein* lief von 1999 bis 2010 mit Tom Gerhardt in der titelgebenden Rolle auf *SAT.1*.

»Nein, Waldi! Böser Hund!«, erlaube ich mir schließlich doch die Lage zu kommentieren, als Waldi gerade zur nächsten Bell- und Heultirade ansetzt.

Plötzlich herrscht herrliche Stille, jedenfalls von Seiten Krause und Waldi. Den panischen Herzschlag vom Rasenden Buddha kann ich sehr wohl hören, genauso wie das schnelle Atmen.

Krause weiß wohl so gar nichts mit der Situation anzufangen und versucht sich mit Smalltalk zu retten. »Och, wo ist denn Ihr Kätzchen? Hat es Schmerzen?«

Kätzchen? *Kätzchen*?! Ernsthaft? So langsam verkackt der Typ bei mir bis zur nächsten Eiszeit.

»Nein! Der Kater hat Angst. Und wenn jetzt nicht gleich Ruhe ist, lasse ich ihn aus der Box. Der ist doppelt so groß wie Ihre kleine Sirene, und er wird bestimmt von seinen Krallen Gebrauch machen.« Der Typ braucht ja nicht zu wissen, dass Rasender Buddha im Leben nicht aus der Box gehen würde, und selbst wenn, würde er sofort eher unter meine Jacke krabbeln, als dem Dackel nur ein Härchen zu krümmen.

Der arme Hund kann ja auch nichts dafür. Aber sein bescheuerter Besitzer verdient mal eine Lektion in Sachen Sozialkompetenz im Umgang mit anderen Tieren und deren Besitzern. Ich habe schließlich nachher das sensible Häufchen Elend stundenlang unterm Bett sitzen, nur weil er ein Hunde-Heul-Bell-Trauma hat. Selbiges ausschließlich darin begründet, dass Waldi ja so toll Laut machen kann. Da wachsen mir die Fangzähne, egal ob Vollmond oder nicht.

Waldis Papa hat es geschnallt. Beschämt schaut er auf den Boden, schnappt sich Waldi auf den Schoß und krault das kleine Schnäuzchen. Da kommt auch wieder die nette Arzthelferin und holt Waldi ab.

»Komm, Waldi. Wir gehen jetzt von der bösen Katzenfrau weg. Die mag keine Hunde«, höre ich prompt noch vom Hunde-Vati.

Alarmstufe Rot, Schutzschilde hoch, Lasertorpedos feuerbereit

Alle Anwesenden haben das gehört. Gute Akustik wird öfters mal unterschätzt.

Die Arzthelferin versucht zu retten, was zu retten ist und bietet mir samt Kater auch schon das nächste Behandlungszimmer an.

Ich schnappe mir die Box und gehe an Papa und Waldi vorbei. »Ich mag Hunde und ganz viele andere Tiere. Nur mit blöden Menschen habe ich so meine Schwierigkeiten.«

Nein, ich konnte es mir nicht verkneifen. Ja, es war unhöflich. Und nur, weil er das vorher auch war, hätte ich es ihm nicht gleichtun müssen. Und ja, der Herr ist schätzungsweise 30 Jahre älter. Ich bin kein Vorbild, was das angeht und bitte wirklich darum, immer freundlich zu Menschen zu sein, auch wenn sie im Unrecht sind. Aber hier sind mir einfach die Sicherungen durchgebrannt.

Und Karma hatte nun ein Einsehen mit mir. Rasender Buddha hat »seine« Tierärztin mal wieder turboschnell um den Finger gewickelt. Ich bin einmal mehr ohne Rüffel für das leichte Übergewicht des Katers davongekommen, Buddha ist gesund und ich hatte nach Zahlung der Rechnung noch Geld auf dem Konto.

Gut, der Dicke hat trotzdem anschließend erst mal zwei Stunden unter dem Bett gesessen, aber die Leckerchen haben dann doch schneller geholfen als zunächst befürchtet. Und es gibt fast nichts, was eine ausgiebige Bürsten-Session nicht wieder gutmachen würde, natürlich nur von der bösen Katzenfrau.

§ 16 – Simulation der Katze

Die Katze erhält nie genug Aufmerksamkeit oder Futter. Um diesen Missstand zu kompensieren, darf sie gegebenenfalls leichte Anflüge von Krankheiten simulieren und/oder ohne Ankündigung leidvoll umfallen.

Kommentar:

Dass Katzentiere manchmal auch wirklich hinterlistige Viecher sein können, weiß so ziemlich jeder. Egal, ob Bediensteter oder nicht. Auch die sonst so verehrten Plüsch-Popos Rasender Buddha und Rollmops bilden hier keine Ausnahme. Im Alltag sind die beiden zwar sehr pflegeleicht. Gut, sie furzen blaue Giftgas-Wolken, aber man gewöhnt sich ja bekanntermaßen fast an alles.

Ist einer von beiden oder sind gar beide Katzentiere beim Tierarzt gewesen, dramatisieren jedoch beide gerne ein wenig. Jeder auf seine Art, aber vor allem besonders, wenn sie dabei noch Zuschauer haben.

Rasender Buddha ist trotz seines massiven Körpers eher das Sensibelchen und glaubt aus dem tiefsten Inneren seiner kleinen Katzentier-Seele, dass unter der Bettdecke im Schlafzimmer der sicherste Ort auf der Welt ist. Selbst, wenn es im Sommer erschreckend warm ist. Sein Motto ist und bleibt: »*My Bed is my Castle.*«

Ja, ich gebe zu, das könnte auch der Leitspruch für diverse weitere Mitbewohner des Hauses sein … okay, gut – für alle Bewohner des Hauses. Wir schlafen alle gerne und das Aufstehen ist nie schön.

Ab und zu hat Rasender Buddha auch diese Anwandlungen, dass er unter die Decke krabbelt, wenn nichts Besonderes vorgefallen ist. Er lässt sich gerne mal von Besuchern aus dem Alltagstrott werfen. Erklärungsversuche, dass er den Besuch ja schon kennt und er sich doch mal draußen sehen lassen soll, sind dann genauso wenig von Erfolg gekrönt wie Überzeugungsversuche mit einem Leckerchen. Na ja, was soll‘s, bleibt er halt das Phantom in dieser Wohngemeinschaft. Das furchtbar leidende Phantom, wie es anzumerken gilt.

Denn nicht nur, dass man während des Besuchs von der plüschigen Rolle ist. Das Ganze muss noch ausgiebig die nächsten Stunden zelebriert werden. Da hätten wir zunächst mal als Panikmache-Objekt Nr. 1 den fiesen kleinen unbekannten Bruder von Darth Vader[50] … den Kaffeevollautomaten.

Dieser Automat läuft geschätzte zweihundertmal am Tag, um die herrlich duftende koffeinhaltige Flüssigkeit zu spenden und so Leben zu retten. Das Gerät macht immer die gleichen Geräusche, weil immer die gleiche Art von Kaffee-Heißgetränk kredenzt wird. Zumal sich auch immer eine Packung Milch neben dem Automaten befindet, ist dieser spätestens dann nicht mehr so gefährlich, wenn versucht wird, in den Tetra Pak einzubrechen. Dank des tollen Schraubverschlusses klappt das aber leider nicht mehr, und Katzentier Rasender Buddha ist entsprechend frustriert, was seine dramaturgische darstellerische Leistung im Kern begründet und erklärt, warum plötzlich eben jener sonst so nette Automat sich plötzlich in einen Katzentier-fressenden Dalek[51] verwandelt und eins von den neun Miezen-Leben bedroht.

Auf jeden Fall wird das Gerät sehr kritisch beäugt, wenn man sich schließlich mal aus dem Bett bequemt. Hunger und Durst sind nämlich jetzt doch so schlimm geworden, dass man einfach mal aufstehen muss. Schande über die Bediensteten, dass man ihm nicht etwas in sein Geheimversteck bringt. Im Schleichmodus hat es Rasender

50 - Darth Vader ist einer der tragenden Charaktere des *Star Wars*-Franchise, bekannt für seine asthmatischen Atemgeräusche.

51 - In der britischen Science-Fiction-Kultserie *Doctor Who* (seit 1963) sind Daleks eine nichtmenschliche Rasse von kriegerischen Außerirdischen.

Buddha fast geschafft, an dem Ding vorbeizukommen, ohne (seines Erachtens nach) den (nicht vorhandenen) Bewegungsalarm ausgelöst zu haben. Dann wird schnell ein bisschen Trockenfutter eingeworfen, ein Schlückchen Wasser getrunken und sich wieder auf den Rückweg gemacht. Hat schon ein bisschen was von Frodo auf dem Weg durch Mordor.[52]

Leider tauchen in diesem Augenblick Rasender Buddhas ganz persönliche Ringgeister[53] auf: Jemand zieht sich einen Kaffee. Die Mühle geht los und Rasender Buddha macht seinem Namen alle Ehre. Einige Besucher haben schon die gewagte Theorie aufgestellt, dass er mit diesen legendären Sprints auch Usain Bolt[54] schlagen könnte, hätte er Wettkampf-Ambitionen.

Nur eine Sekunde später ist er wieder unter der Bettdecke verschwunden und erholt sich erst mal die nächsten paar Stunden von diesem Schreck. Danach rückt er 3 cm weiter, sodass das Bett auch vom Bediensteten genutzt werden kann. Es ist immer wieder erstaunlich, dass ein Doppelbett komplett von einem Katzentier alleine blockiert werden kann, wenn dieses auf geschätzte zwei Meter Länge ausfährt.

Rollmops findet dieses unverhohlene Diven-Gehabe ebenfalls nicht ganz so schön. Immerhin hat er sich als alter Partylöwe mal wieder ins Getümmel geworfen, todesmutig dem gefährlichen Kaffeeautomaten den Fellpopo gezeigt, und dann hat er nicht einmal einen Platz im Bett. Nach einem klärenden Acht-Pfoten-Gespräch geht es dann doch irgendwie, und alle Beteiligten rollen sich klein zusammen.

---

52 - In Tolkiens bereits erwähntem Epos *Der Herr der Ringe* durchquert der ringtragende Frodo Beutlin auf seiner Reise mit seinem Kumpel Samweis Gamdschie unter anderem die gefährliche Feindesebene Mordor.

53 - Die Ringgeister (Nazgûl) sind wichtige Nebencharaktere in *Der Herr der Ringe*. Haben ziemlich coole Outfits.

54 - Der jamaikanische Leichtathlet Usain Bolt (* 1986) ist mehrfacher Olympia-Sieger in diversen Sprintdisziplinen.

Als wäre diese Krise nicht genug gewesen, kommt am nächsten Morgen nochmal der Herr Nachbar vorbei, auf ein Tässchen Kaffee. Interessanterweise sind der Krach und die Maschine selbst nun sehr uninteressant für beide Katzentiere. Dafür hat sich Rollmops bei einer seiner 38. ausprobierten Yoga-Positionen doch etwas steif gelegen und tapert ein wenig holprig durch die Wohnung.

Der Herr Nachbar aus dem unteren Stockwerk ist entsetzt. Ob man schon bemerkt hätte, dass das arme Katzentier humpelt? Ob es sich wehgetan hätte? Das arme dicke Katzentier!

Ja, genau. Das dicke Katzentier bekommt ja niemals genug Liebe, Leckerchen und Aufmerksamkeit. Daher lässt es sich gleich mal auf den Boden fallen und bleibt auf der Seite liegen. Zur perfekten Imitation des toten Manns fehlt nur noch, dass es die Zunge raushängen lässt.

Herr Nachbar lässt den guten Kaffee Kaffee sein und setzt sich mit seinen über siebzig Jahren auf den Boden, um dem armen, so furchtbar kranken Katzentier den Bauch zu kraulen.

Der Rollmops, der ist schon ein äußerst schlaues Vieh. Kaum kommt Nachbar auch nur in die Nähe des Hinterlaufs, wird das Pfötchen leicht geschüttelt, als wäre es das ganz große Aua. Die zwei vorwurfsvollen Augenpaare, die mich nun beim seelenruhigen weiteren Kaffeetrinken beobachten, lassen mich ziemlich kalt.

Wie ich meinem Nachbarn erkläre, fehlt dem Katzentier nämlich so rein gar nichts, außer vielleicht ein bisschen mehr Aufmerksamkeit, welche sich die alte Fusselrolle gerade zu verdienen versucht. Das Katzenvieh ist immerhin vor ein paar Minuten noch ziemlich entspannt auf den Kratzbaum gesprungen und hat auch sonst nachts ziemlich Randale gemacht. Und damit meine ich noch nicht einmal das liebevoll-laute Schnarchen etwa 5 cm von meinem Ohr entfernt.

Ja, aber er würde doch jetzt gerade so leiden, bekomme ich dann mit vorwurfsvollem Unterton erklärt. Da müsse man gleich zum Tierarzt. Nicht dass er noch was Ernsthaftes hätte.

Ich erkläre wiederum, dass Rollmops dann schon weggegangen wäre und sich nicht mitten im Raum die fette Wampe kraulen lassen würde, wenn es ihm so schlecht ginge. Ich kenne meine Pappenheimer. Jetzt gilt es nur noch den netten aber naiven Nachbarn davon zu überzeugen, dass Rollmops ein alter Simulant ist und seine Fähigkeiten mit jedem weiteren Besucher proportional zunehmen.

Rasender Buddha hat in der Zwischenzeit gefrühstückt, dampft einmal durch den Raum und schaut sich das ganze Drama mit etwas Abstand an. Seinem Gesichtsausdruck nach schämt er sich gerade fremd oder hofft auf mehr Futter. Wer weiß in diesen Momenten schon genau, was in einem Katzentier-Kopf vorgeht?

Da der Herr Nachbar noch immer nicht ganz von meiner Aussage überzeugt ist, geht es in die Küche. An die Futterschublade. Genau. An *die* Futterschublade, die auch die Leckerchenabteilung beherbergt.

Ohne Rücksicht auf Verluste springt Rollmops mit einer wunderschönen Ganzkörperdrehung auf seine vier Samtpfoten und sprintet ohne jegliche hinkenden Bewegungen seinem Snack entgegen. Und lässt dabei einen sehr verdutzten Nachbarn auf dem Boden zurück. Die Katzentiere bekommen ihr Leckerchen, und unterdessen rappelt sich der Herr Nachbar fassungslos wieder auf, um sich seinem Kaffee zu widmen.

Der muss jetzt erst einmal wieder moralisch aufgebaut werden. Dass ihn das Katzentier so reingelegt hat, das kann er einfach nicht verstehen. Den Hinweis, dass das Miezen eben einfach so machen, will er partout nicht gelten lassen. Oh Mann ... da hat Rollmops ganze Arbeit geleistet und dem Herrn Nachbarn das Weltbild des guten, liebevollen Katzentiers zerstört. Einfach so und gnadenlos. Willkommen in der Welt der Bediensteten!

Zwei Kaffee später ist aber wieder alles gut. Es geht einem ja schon etwas das katzentierliebende Herz auf,

Rollmops und Rasender Buddha vor dem Herrn Nachbarn sitzen zu sehen, während er eine kleine Ansprache an die Fellpopos hält, dass man so etwas doch nicht macht. Als dann von Rollmops ein zustimmendes Miau und von rasender Buddha ein zustimmender Rülpser kommt (wir haben ihn einfach mal als Zustimmung gewertet), sind die Gemüter wieder beruhigt.

Der Herr Nachbar verabschiedet sich und wird noch von den beiden Katzentieren bis zum Ausgang flankiert. Nicht, weil sie ihn loswerden wollen oder so, sondern weil sie auf merkwürdige Weise wissen, dass er leichte Probleme mit dem Sehen hat und ihn geleiten.

Da geht einer links, der andere rechts direkt bei Fuß, mit dem Schwanz immer am Bein des Herrn Nachbarn, damit auch der richtige Weg genommen wird, bis er schließlich aus der Tür ist. Übrigens machen sie das auch, wenn er reinkommt. Sie gehen ihm auch aus dem Weg, stehen auf, wenn sie ihm im Weg liegen und versuchen ganz nebenbei, immer wieder die Abzweigung in die Küche zu nehmen. Leckerchen halt.

Übrigens machen die das bei mir nicht, also, aus dem Weg zu gehen. Hat allerdings nichts mit besonderer Einfühlsamkeit der Katzentiere zu tun, sondern ist darin begründet, dass die beiden schon ein- bis zweimal unliebsamen Kontakt mit den Schuhen des Herrn Nachbarn gemacht haben. Auch bei Katzentieren gilt einmal mehr die Devise – lerne durch Schmerzen!

Manchmal sind es schon Drecksviecher, aber ganz oft haben Katzentiere auch ein unvergleichliches Gespür für ihre Bediensteten und deren Anhang – wenn sie das denn möchten.

Nun ja, und das mit dem kommunikativen Miauen ist auch so eine Sache ...

Abschnitt 6
Verluste des Fellkleids

§ 17 – Verteilung von DNA-Rückständen in Wohnheimstätten

Der Katze ist es gestattet, ihr Fellkleid überall, immer und in großen Mengen in der für den Bediensteten vorgesehenen vorübergehenden Wohnheimstätte zu verteilen. Dies schließt alle darin befindlichen Gegenstände, Sachen und Personen ein.

Kommentar:

Manchmal denke ich wehmütig an die Zeiten zurück, als ich es mir noch leisten konnte, dunkle Kleidung zu tragen. Mich ohne Schutzunterlage auf Sofa oder Stühle zu setzen. Oder jedenfalls, ohne den Großteil meines Monatsgehalts beim schwedischen Möbelhaus in Fusselrollen zu investieren.

Aber diese Gedanken sind nur kurz von wehmütiger Natur, denn das war die Zeit vor den plüschigen Katzentieren. Lieber einmal am Tag eine kurze gedankliche Danksagung an den Erfinder der Fusselrollen, als auch nur einen Tag ohne die Miezen.

Dennoch: Neben dem zweimaligen Fellwechsel pro Jahr verliert das durchschnittliche Katzentier etwa alle 18 Monate das Fellkleid. Wer dann wie ich auch noch die plüschige Variation des Katzentiers besitzt, hat eine sehr große Menge an abgeworfenem Pelz zu entsorgen. Und es ist nicht immer einfach, den schier aussichtslosen Kampf gegen diese abgeworfenen Haare zu führen, vor allem nicht bei Rollmops und Rasender Buddha.

Die beiden sind bekanntlich Britisch Kurzhaar, wobei der Begriff »Kurzhaar« eine Vorspiegelung falscher Tatsachen darstellt. Passenderweise würde ich eher Britisch Endlos-Haar oder Britisch Fusselhintern sagen. Egal wie man es nennen will, sie haben zu viele davon. Viel zu viele Haare, die abfallen und sich an alles heften, was sich in unmittelbarer Reichweite befindet. Der Facehugger[55] aus der *Alien*-Filmreihe ist ein Witz gegen Katzenhaare, ernsthaft! Und sie sind einfach überall! Gut, zugegeben, die Katzentiere sind ja auch überall … Trotzdem, es sind schlicht zu viele Haare. Und manchmal bringen diese einen in denkwürdige Situationen.

»Ein Katzentier-Besitzer ist nur richtig angezogen, wenn er Haare seiner Katze auf der Kleidung hat.«

Diesen oder einen ähnlichen Entschuldigungssatz hat zweifellos jeder Dosenöffner parat, wenn ein anderes menschliches Gegenüber kritisch jene Stelle auf der Kleidung beäugt, wo sich eine proportional überdurchschnittliche Menge an Haaren befindet. Gerne wird sich mit einem Satz in abgewandelter Version bei Gästen dafür entschuldigt, dass sich Haare auf den Sitzgelegenheiten befinden und mit Sicherheit am Ende des Besuches auch an jeder einzelnen Faser der gastlichen Kleidung.

Ich selbst versuche meine Gäste schon vor ihrem ersten Besuch schonend auf die haarige Angelegenheit vorzubereiten, indem ich ihnen von dunkler Kleidung abrate. Immer mit dem Hinweis: »Du weißt ja, ich habe zwei überwiegend weiße Katzen.«

Die abwinkende Geste, die daraufhin folgt, kann ich mir mittlerweile als Ölgemälde übers Klo hängen. Auch das dazugehörige »Ach, das geht schon, sind ja nur ein paar Haare« sticke ich mir irgendwann mal auf ein Kissen, am besten auf ein Sitzkissen, gefüllt mit dem haarigen Abwurf der beiden Monster. Besonders betont wird dabei gern das »nur ein paar Haare«.

Gelegentlich nimmt der Besuch sich vor, sich vor dem haarigen Befall zu schützen, indem er erklärt, die Kater

---

55 - Der Facehugger ist eine Kreatur aus dem *Alien*-Universum (seit 1979). Außer einer Katze hat übrigens noch niemand den direkten Kontakt mit so einem Ding überlebt.

nicht anfassen zu wollen. Der erneute Hinweis, dass sich auch Haare auf Gegenständen befinden können und nicht nur auf den Katzentieren, wird ebenso ignoriert. Nun gut, ich lasse es auf ein Experiment ankommen und versichere meinem Besuch, dass er nun den perfekten Plan hat. Wenn ich durch einen Haufen Zombies laufe, beißen die ja sicher auch nicht, wenn ich sie nicht anfasse.

Da denke ich mir immer meinen Teil und sage nichts mehr dazu. Warum? Easy Sache – Lernen durch Schmerzen oder in diesem Fall durch Haare. Mehr als warnen und darauf hinweisen kann ich nicht.

Zunächst: Hatte ich schon erwähnt, dass Katzenhaare *überall* sind? In jeder verdammten Ritze und Spalte, an jedem freien Fleckchen, an jeder Fläche oder Textile in meiner Wohnung, auf jeder Sitzgelegenheit, meinem Sofa, meinem Auto, und auch auf dem Stuhl an meiner Arbeitsstelle? Falls ja: Sorry für die Wiederholung.

Ich kann jedenfalls noch so sehr putzen, staubsaugen, wischen, alles mit der Fusselbürste bearbeiten … Ich kann sie niemals alle beseitigen! Gegen Katzenhaare sind Tribbles[56] harmlose kleine Plüschkugeln! Zumal meine Katzentiere ja auch bereits wieder ihr plüschiges Fell abwerfen, kaum, dass ich mal einen Teil der Gegenstände enthaart habe. Ich habe mich inzwischen mit diesem Zustand abgefunden und bin froh, ein ausgewogenes Gleichgewicht zwischen ekstatischen Putz- und Staubsauganfällen und dem täglichen durchschnittlichen Haarverlust der Kater gefunden zu haben.

Das wurde natürlich auch meinem Besuch mitgeteilt, doch meine Warnungen wurden mit einem Lächeln abgetan und sind spätestens total vergessen, als das erste haarige Monster – Rollmops – die Bühne des Wohnzimmers betritt.

---

56 - Als Tribble bezeichnet man eine plüschige, gurrende kleine Lebensform, die sich sehr schnell vermehrt und die man sich gern als Haustier hält. Zumindest, wenn man ein Charakter aus dem *Star Trek*-Universum ist.

Sich dabei lässig umschaut, sicherstellt, dass ihn auch jeder bemerkt hat, und sich in voller Omnipräsenz inmitten all der Gäste hinsetzt. Alter Snob! Und gleichzeitig ein riesiger Partylöwe[57]: Ohne Vorwarnung wirft sich das Katzenvieh dann einfach nach hinten um.

Wie aus der Pistole geschossen höre ich ein kollektives Raunen der Bewunderung, gewürzt mit einem Hauch von: »Oh, wie süß!«

Ich versuche noch einzugreifen, doch der Gast ist schneller und krault voller Bewunderung des weichen, massenhaft vorhandenen haarigen Bauches den Rollmops. Da ist es auch schon passiert. Der Gast, der beim Eintreten noch eine schwarze Jeans anhatte, trägt nun eine weiße Fellhose. Stylisch und kleidsam aber andere Haptik. Doch das fällt zunächst gar nicht auf, denn alle sind von dem dicken süßen Katzentier total begeistert.

Der Abend verläuft so lange angenehm, bis sich die Fellhose zum Aufbruch bereitmacht. Da sind es dann plötzlich doch ein paar Haare mehr, die man abbekommen hat, und was viel schlimmer ist … Die fallen ja nicht einfach beim Verlassen meiner Wohnung auf Kommando ab.

Halb amüsiert, halb gelangweilt schaue ich mir das Schauspiel des Saubertanzes an, das der Gast nun aufführt. Schließlich habe ich Mitleid und überreiche eine Fusselrolle mit der Bemerkung: »Wo die herkommt, gibt es noch viele mehr.« Grummelnd wird die Haarentfernungshilfe entgegengenommen, und die rituellen Waschungen des Gastes beginnen.

Als der größte Teil der Haare dann an der Rolle hängt und nicht mehr an der Gastkleidung, möchte ich meinen Besuch eigentlich nur noch aus der Wohnung haben. Nicht, weil ich diese Menschen nicht mag, sondern weil ich meine Katzentiere kenne. Gerade habe ich es geschafft,

---

57 - Wie es nach Autorenmeinung zum Begriff »Partylöwe« kam, kann im Kommentar zu *§ 1 – Definition zur gottgleichen Gestalt der Katze* nachgeschlagen werden.

die Türklinke zu greifen, als Rollmops wieder auf den Plan tritt. Mit engelsgleicher Anmut streicht er dem Gast nochmal liebevoll um die Beine. Der Gast seinerseits fällt auf das hinterlistige Manöver herein und streichelt ihm wohlwollend über den Rücken. Resultat: Noch mehr Haarablagerungen als vorher. Und dann passiert es …

»Boah, deine Katze haart aber ganz schön!«

Der Satz, den man nie sagt, den man nie, niemals nicht zum Bediensteten eines Katzentiers sagen darf. Ihn sich nicht denken und ihn schon gar nicht aussprechen. So ähnlich wie in *Harry Potter*[58], bei dem, »dessen Name nicht genannt werden darf«!

»Ach, ehrlich? Find ich jetzt so gar nicht. Geht sogar noch, der hat gerade den Fellwechsel hinter sich.«

Eine unheimliche Stille tritt ein, die nur von Rollmops' Schnurren zerrissen wird, während der seinem Opfer … also, meinem Gast weiterhin um die Beine streicht und noch mehr Haare an den Hosen hinterlässt.

Eigentlich will ich noch hinterhersetzen, dass das Plüschie sich immer noch im Fellwechsel befindet, lasse es aber lieber. Ich befürchte, sonst die Rechnung einer chemischen Reinigung präsentiert zu bekommen.

Weil, das war ja die schwarze Ausgehjeans. Die war teuer und wird nur zu besonderen Gelegenheiten angezogen. Sagt zumindest der Anhang des Besuches, der gerade noch auf der Toilette war und jetzt erst zum Verabschieden kommt. Ich stelle fest, der Anhang mag keine Katzentiere. Meine Katzen mögen den Anhang übrigens auch nicht. Ich mag meine Katzentiere und danke ihnen in Gedanken für den erneuten Beweis ihrer ausgeprägten Menschenkenntnis.

Es dauert ein paar Sekunden, bis ich die Tragweite der Worte erfasst habe, aber dann sehr gefasst darauf antworte,

---

58 - *Harry Potter* (1997-2016) ist der Name einer sehr bekannten und populären Fantasy-Romanreihe der Schriftstellerin Joanne K. Rowling.

dass der Besuch mehrmals auf die haarige Angelegenheit hingewiesen wurde. Auch darauf, dass das Tragen von dunkler Kleidung zu vermeiden sei. Aber dass die Haare nur den Wert der Hose steigern würden, immerhin sind es ja echte Rassekatzen-Haare, die diese nun zieren. Dabei versuche ich, ein ernstes Gesicht zu machen und überzeugend zu nicken.

Okay, der Gag mit den Rassekatzen ist nicht gut oder auch nur originell, aber der Anhang hat ja keine Ahnung, was für einer Rasse Rollmops angehört (zur Information: Rasender Buddha hat sich den ganzen Abend nicht blicken lassen, und der Besuch glaubt, es handelt sich um das Katzentier-Phantom) und schaut mich fragend an. Ob das nicht zufällig die Viecher wären, aus deren Fell so furchtbar teure Wolle gewebt werden würde. Na ja, so furchtbar teuer ist die gesponnene Plüschie-Wolle gar nicht, antworte ich.

Das der Anhang gerade meine Katze mit einer Ziege verwechselt hat, muss wohl an der Kaschmirregion liegen, aus der die originalen Wolllieferanten eigentlich kommen.

Der Besuch guckt dem ganzen Schauspiel belustigt zu. Das Katzentier ist zwischenzeitlich umgefallen und hat das Yoga-Pfötchen[59] ausgefahren. Pfff, aus dem Fell des Katzentiers wird immerhin mal ganz teure Ziegenwolle aus Kaschmir, da darf man auch einfach mal umfallen.

Da ich weder ein lohnendes Arrangement mit *Wikipedia* habe, noch besondere Motivation, meinem Lehrauftrag zur Bekehrung felinophober[60] Menschen ausgerechnet heute nachzukommen, belasse ich es dabei. Bedanke mich anständig für den netten Besuch und schiebe Rollmops wie einen Puck beim Eisstockschießen aus dem Weg, damit Besuch und Anhang

---

59 - Das Yoga-Pfötchen bezeichnet eine besondere Liegeposition, siehe hierzu *§ 13 – Reinigung des Fellkleids*.

60 - Felinophob ist eine Wortkreation, die Menschen beschreibt, welche sozialwissenschaftlich und umgangssprachlich eine ausgeprägte Abneigung Katzen gegenüber besitzen.

– also eigentlich nur noch Anhang – ohne weitere künstliche Behaarung an den Beinen aus der Wohnung kommen.

Rasender Buddha ist immer noch nicht aufgetaucht. Na ja, genau genommen hat er sich als Geheimagent mein Bett als Hauptquartier ausgesucht, und damit ihn niemand findet, ist er gleich mal unter die Bettdecke gerobbt. Somit vergesse ich Daunenfedern und freue mich auf sehr viele wärmende Katzenhaare in meinem Bett. Vielleicht konnte Rasender Buddha ja auch nur den Anhang nicht leiden und zeigte es durch pures Ignorieren.

Diesen speziellen Kommentar möchte ich mit einem Zitat aus der Serie *ALF*[61] schließen: »Katzenhaare. [...] Perser, 83er, vielleicht auch ein 84er.«

---

61 - Die 102-teilige amerikanische Comedy-Serie *ALF* mit einem katzenfressenden Außerirdischen in der Hauptrolle wurde von 1986–1990 ausgestrahlt.

§ 18 – Verteilung von DNA-Rückständen außerhalb der Wohnheimstätte

Es ist zulässig, den in § 17 – Verteilung von DNA-Rückständen in Wohnheimstätten *erwähnten Fellabwurf an mobilen Gegenständen und Sachen anzubringen, deren Eigentümer nicht die Katze aber deren Bediensteter ist, um so gegebenenfalls die außerordentliche Verteilung der Haare an außerhalb der Wohnheimstätte befindlichen Gegenständen, Sachen und Personen umzusetzen.*

Kommentar:

Hatte ich schon erwähnt, dass mein Leben ohne Fusselrollen sinnlos wäre? Wenn nicht, dann tue ich das hiermit. Habe ich es beiläufig schon einige Male fallenlassen, dann eben nochmal aus Prinzip.

Ohne die vielen kleinen Klebeblätter wäre ich echt verloren. Und könnte nie ohne Fellbesatz das Haus verlassen. Es ist schon schlimm genug, dass, obwohl die Fusselrollen mehrmals am Tag in verschiedenen Variationen im Einsatz sind, trotzdem Katzentier-Haare an den unmöglichsten Orten wiederauftauchen.

Zunächst ist es ja schon fast normal und kaum zu verhindern, dass die Katzentier-Haare zum Beispiel im Auto oder am Arbeitsplatz auftauchen. Die niedlichen kleinen weißen Fellabsonderungen mit dem Widerhaken, der es unmöglich macht, sie nicht mitzunehmen, haben größten Spaß daran, sich auf Autositze oder Bürostühle fallen zu lassen. Leider lässt es sich daher im Umkehrschluss oft nicht verhindern, dass man die vor Tagen, Wochen oder auch Monaten mitgebrachten Haare auch selbst irgendwann wieder auf der Kleidung hat. In einem wirklich unpassenden Moment natürlich.

Der Vorteil an der Angelegenheit ist, dass zum Beispiel niemand unbedingt mein Auto fahren will oder mir im Büro meinen Stuhl klaut … äh, Verzeihung … mal kurz ausleiht. Sollte es doch jemand wagen, ihn zu entfernen, ist der Täter innerhalb von Millisekunden anhand des behaarten Hosenbodens oder des gerade einsetzenden Allergieanfalls zu ermitteln.

Also hat es nicht nur Nachteile, immer und überall von Katzenhaaren umgeben zu sein. Gegenstände mit Katzenhaar dran sind relativ sicher. Ich kann die Miezen wie erwähnt so oft bürsten und entfusseln, wie ich möchte. Die werfen einfach immer wieder Fell ab. Für jederzeitigen Nachschub an Beweismitteln ist sohin gesorgt.

Eine besonders kuriose Geschichte muss ich in diesem Zusammenhang loswerden: Bei einer nicht näher genannten Gelegenheit ergab es sich, dass ich ausnahmsweise einmal nicht selbst fahren musste, sondern als Beifahrer zum Ziel gebracht wurde. Und ohne besonders darauf zu achten, hatte ich in dem fremden Auto eine Zeitbombe gelegt oder besser: abgeworfen.

Die gefühlten fünf Stück Katzentier-Haare, die sich exponentiell innerhalb weniger Stunden nach der Fahrt zu vermehren schienen, wurden von dem fremden Auto 200 Kilometer weiter transportiert, nur um am Ankunftsort in einem Koffer mit Kostümutensilien, de facto einem *Star Wars*-Cosplay[62], zu landen. Jedoch tarnten sich die Haare so gut, dass sie nochmals rund 300 km durch die Republik gekarrt und von der Kostümträgerin erst entdeckt wurden, als ich sie (ja, ich war auch ganz zufälligerweise bei besagtem *Star Wars*-Event dabei) angesprochen habe, ob sie seit neuestem auch weiße Katzentiere hat.

62 - Mittlerweile sehr gängige Bezeichnung für das Darstellen eines Charakters aus Film, TV oder Buch oder auch einer Eigenkreation. Der Begriff Cosplay wird auch für das Kostüm selbst verwendet.

Wir haben die mögliche Route ausführlich mehrere Stunden lang erörtert und sind zu dem Schluss gekommen, dass Katzentier-Haare physikalische Grundgesetze außer Kraft setzen und nur so dieser lange Weg erklärbar ist. Uns erscheint diese Theorie auch heute noch plausibler als zu behaupten, dass Katzentier-Haare einfach furchtbar anhänglich sind.

Spaßig ist das ganze Spiel allerdings dann nur noch für Außenstehende, nicht für den Betroffenen, wenn plötzlich Katzentier-Haare auf den Köpfen anderer Menschen auftauchen. Diese Menschen stehen dann nämlich kurz vor einem Herzinfarkt, weil sie der trügerischen Annahme sind, das erste graue Eigenhaar entdeckt zu haben. Ich gebe zu, im ersten Moment ist so eine Situation ja wirklich sehr unterhaltsam, aber die Schimpftirade, die unweigerlich folgt, ist es meist weniger.

Und dann gibt es noch den Fall, dass diverse Menschen die Bediensteten-Wohnstätte betreten, zum Beispiel mal eben kurz zum Kaffee oder Tee kommen, und dann geht's mit allen Beteiligten los zu weiteren Freizeitaktivitäten, die es erforderlich machen, dunkle Kleidung zu tragen. Nein, kein Gothic-Treffen, nur ein simples Lasertag-Spiel[63].

Leider ziehen dunkle Klamotten weiße Katzentier-Haare mit Vorliebe an. Ist nicht so, dass das nicht jeder wüsste, aber wie es immer ist, wird ein solches Problem weggeschoben und ignoriert. Zumindest so lange, bis man schließlich von der Couch aufsteht und feststellt, dass die getragene Hose jetzt weiß ist. Lasertag spielt man wohlgemerkt zum Großteil im Dunklen. Mit Schwarzlicht ausgestrahlt haben wir also jetzt alle eine haarige Zielscheibe auf unseren Klamotten. Doch dank der goldenen Fusselbürste können wir uns soweit enthaaren, dass wir tatsächlich

63 - Lasertag ist der Name einer modernen Funsportart, vergleichbar mit Räuber und Gendarm. Als Hilfsmittel zum Markieren dienen ungefährliche, pistolenähnliche Infrarotsignalgeber.

an den Spielen teilnehmen können ohne ständig wegen leuchtender Katzentier-Haare markiert zu werden.

Daher … solange eine Fusselrolle in greifbarer Nähe ist, hat man als Bediensteter seines Katzentiers alles in seiner Macht Stehende zum Schutz seines Umfelds getan. Alles andere liegt nicht mehr an uns.

§ 19 – Schadensfälle bei Dritten

Die Katze kann rechtlich nicht belangt werden, sollte es bei der praktischen Umsetzung von § 18 – Verteilung von DNA-Rückständen außerhalb der Wohnheimstätte *zu menschlichen Kollateralschäden kommen. Es ist ausschließlich der direkte Verursacher der Verteilung außerhalb der Wohnheimstätte zu belangen.*

Kommentar:

Wie schon bereits in der Kommentierung zu *§ 18 – Verteilung von DNA-Rückständen außerhalb der Wohnheimstätte* erwähnt, ist es ganz einfach der Fluch des Katzentier-Besitzers, immer und überall mit Haaren der Mieze aufzutauchen. Selbst die beste Fusselrolle kann unmöglich jedes Haar erfassen. Staubsauer und Staubwedel haben genauso nur eine begrenzte Aufnahmekraft, und auch Waschmaschine beziehungsweise Trockner holen nicht alle Haar-Rückstände aus der Kleidung. Die Wohnung und die darin befindlichen Gegenstände können also nie so klinisch-rein saubergemacht werden, dass sich darin kein Haar mehr befindet. Denn ist man mit der Tiefenreinigung fertig, könnte man gleich wieder neu beginnen. Stein und Sisyphos[64] … Klar soweit? Alternativ kann auch der Vergleich mit dem Unkraut im Garten angeführt werden.

So kommt es wie angeführt vor, dass man die Haare des versnobten Objekts auch an Orte bringt, an denen sich das Katzentier nicht direkt aufhält, zum Beispiel ins Auto oder auch zum Bürostuhl am Arbeitsplatz. Alternativ habe ich noch

---

64 - Sisyphusarbeit wird gerne als Synonym für eine sinnlose Tätigkeit ohne absehbares Ende verwendet. Der Begriff geht auf die altgriechische Sage des listenreichen Königs Sisyphos zurück, der einst die Götter erzürnte. Als Strafe muss er nun im Tartaros immer wieder einen Stein auf einen Berg rollen, der kurz vor dem Gipfel wieder runterrollt.

diverse Menschen zur Auswahl, die ich mal berührt habe.

Anfangs habe ich wirklich immer und überall eine Fusselrolle dabeigehabt, im Auto, in der Handtasche und sicherheitshalber auch noch eine in der Büroschublade – für den Fall der ausgefallenen Felle. Dann habe ich es irgendwann aufgegeben und die Tatsache akzeptiert, dass ich sie einfach nicht alle fangen oder bekämpfen kann.

Dieser Umstand führt nun dazu, dass der Autositz oder besser gesagt das gesamte Auto mit Katzenhaar verseucht ist. Macht nix, ich bin ja die Einzige, die damit fährt. Und die meisten Menschen, die vielleicht bei mir mitfahren, wissen ja, dass ich Katzen habe.

Einige Passagiere reißen dann mit tränenerfüllter Stimme gerne noch ein Witzchen, während sie ihrer Tierhaarallergie leidenschaftlich frönen – mit mehr Leiden als Schafft. Andere beschweren sich und laufen anschließend zum Ziel oder ignorieren das Ganze einfach, weil sie selbst Tiere haben.

Und dann gibt es noch die Mitmenschen, die in keine der drei Gruppen passen, die Unbekannten. In diese Kategorie gehört einer meiner lieben und geschätzten Kollegen, der einst total durchs Raster gefallen ist. Uns stand damals eine zugegebenermaßen kurzweilige Schulung im Gebäude im Nachbarort bevor. Und wie üblich hatten wir mal wieder vergessen, uns abzusprechen, wer fährt. Ist eigentlich kein Drama, einer kann ja immer fahren, und irgendwo ist garantiert immer ein Auto bereit. Also treibe ich meine Kollegen zur Abfahrt an, und bevor ich es merke, haben die mich stehen lassen. Mich und einen weiteren Kollegen.

Sein Auto hat er heute nicht dabei, aber ich habe meins ja da. Kurz überlege ich noch, ob ich ihn fragen soll, ob er eine Tierhaarallergie hat. Verwerfe den Gedanken aber wieder, bestimmt hat er ja mal mitbekommen, dass ich Katzentiere habe – als würde man es nicht ohnehin ständig an meiner Kleidung sehen. Abgesehen davon, dass ich ziemlich oft von den Abenteuern der Fellnasen erzähle (hier trifft wieder mal der Vergleich Kinder & Eltern zu). Also eilen wir zum Catmobil, damit wir es noch rechtzeitig schaffen.

Wir kommen pünktlich an, die Schulung ist tatsächlich unterhaltsam und schnell vorbei – Drops gelutscht. Nach drei Stunden sind wir wieder im Büro und widmen uns unseren Tagesaufgaben.

Da ich nächste Woche in Urlaub sein werde, gebe ich gerade noch ein paar kleine Infos an die Kollegen weiter, als plötzlich die Frage kommt: »Sag mal, transportierst du in deinem Auto Katzen?« Gefolgt von einem Schubbern des besagten Kollegen von vorhin an seinem eigenen Bürostuhl.

»Ja, aber nur sehr selten. Sag jetzt nicht, dass du eine Tierhaarallergie hast!«

Antwort kann man sich jetzt denken, oder? Natürlich hat er die. Und dazu noch einen geröteten Hals, vom Kratzen.

Da bleiben mir nicht viele Alternativen, außer, eine Entschuldigung zu murmeln und zu hoffen, dass der Mann nicht stirbt, bevor Feierabend ist. Da kommt ein weiterer Kollege dazu und ruft quer durchs Großraumbüro, dass es doch von Vorteil wäre, ab und zu mal einen Blick auf meine Firmenjacke zu werfen. Die ist nämlich dunkelblau und mittlerweile von weißem Katzentierfell übersät. Okay, der Einwurf kam reichlich spät, und die Anzahl der Haare auf der Jacke ist noch sehr überschaubar, aber dafür weiß nun wirklich jeder, dass ich Miezen habe und deren Haare alle auf der Jacke kleben. Also, fast alle von letzter Woche; länger habe ich die neue Jacke nämlich noch nicht.

Gestorben ist natürlich (!) niemand, aber jetzt weiß das ganze Büro Bescheid. Über meine Plüschies, die, wenn sie es möchten, auch dann gefährlich werden können, wenn sie körperlich nicht anwesend sind. Schließlich habe ich meine liebsten Schätzchen immer mit dabei.

Und genau an dieser Stelle wird mir klar, wie lebensgefährlich diese kleinen Schnorrer eigentlich wirklich sind.

Ihr Fell löst Allergien aus, sie streichen einem um die Beine und versuchen, einen zu Fall zu bringen, und wenn sie einen sausen lassen (so leise, dass man ihn nicht hört), treibt einem das auch ohne Allergie die Tränen in die Augen.

Schauen sie einen aber dann wieder mit den großen Äuglein so lieb an, als könnten sie niemandem etwas tun – keinem Mäuschen ein Haar krümmen und so weiter ... Ich sollte die Fellnasen konditionieren und versuchen, sie als Assassinen zu vermieten.

Das Leid von der Haarproblematik kann übrigens noch einer meiner lieben Mitmenschen bestätigen. Ich darf mehrmals die Woche das Tanzbein schwingen, und da es sich hierbei um klassischen Paartanz handelt (alternativ rhythmischer Ringkampf genannt), geht das mit einer zweiten Person naturgemäß besser.

Ich habe mir, wie schon in *§ 18 – Verteilung von DNA-Rückständen außerhalb der Wohnheimstätte* erwähnt, das Tragen von dunkler Kleidung rasch abgewöhnt. Mein Tanzpartner nach einer gewissen Zeit dann auch. Der Grund ist denkbar einfach: Trotz der gefühlten Milliarden Fusselrollen-Versuche der Haarentfernung habe ich immer welche mitgebracht, direkt in die Tanzschule, und auf seiner Kleidung hinterlassen. Als ignoranter Katzentier-Besitzer ist mir das natürlich vorher nie aufgefallen.

Erst als ich mal einige Tierhaare bei ihm auf der Kleidung entdeckte, ihn fragte, ob er auch Katzentiere besäße und darauf ein hämisches Lachen folgte, wurde mir klar ... Das sind die Haare meiner Fellpopos. Mit leicht hochrotem Kopf (nein – nicht, weil das Tanzen gerade so anstrengend war) murmelte ich damals eine Entschuldigung.

Das brachte ihn wiederum so zum Lachen, dass sich sogar die sonst so autoritäre Person des Tanzlehrers genötigt sah, nach dem Grund des Amüsements zu fragen. Nachdem wir die Neugierde befriedigt hatten, sahen wir beide dann, als Pause war, wie man vier Fusselrollen an unseren Platz brachte – mit der besten Empfehlung der Geschäftsführung, wurde uns mitgeteilt.

Natürlich blieb das nicht ohne Folgen. Jeder der Anwesenden hat es gesehen und fragte sofort, wofür wir so viele Fusselrollen brauchen. Einmal mehr erklärte ich das Problem des Zusammenlebens mit Katzentieren und deren Fellverlust. Jetzt war meine Gesichtsfarbe zumindest wieder normal, und ich freute mich darüber, dass von den meisten Zuhörern ein »Kenne ich auch, habe Katze/Pferd/Meerschwein/Ehegatten« kam.

Nun weiß zum Glück auch jede der tanzenden Bekanntschaften, dass ich haarende Katzentiere habe, und ich bin informiert, dass mein Tanzpartner keine Tierhaarallergie hat. Also war es alles in allem doch ein guter Abend. Es gab wegen Katzenhaaren auf fremder Kleidung ein paar Lacher, immer noch ist niemand gestorben, und ich hatte wieder einen Monatsvorrat an Fusselrollen mehr.

Was wäre das Leben ohne Katzentiere doch langweilig!

Abschnitt 7
Waffenrechtliche Vorschriften

§ 20 – Vertragliche Regelungen mit anderen Tierarten

Die Katze hat andere Tierarten vornehmlich mit dezenter Zurückhaltung zu ignorieren. Bedienstete anderer Tierarten haben dafür Sorge zu tragen, dass sich nicht näher bezeichnete Tiere jederzeit den Bedürfnissen der Katze anpassen.

Kommentar:

Eine ganz bestimmte Frage scheint so alt zu sein wie die Menschheit selbst. Impliziert sie im Grunde nicht sogar den Ur-Kampf Gut gegen Böse? Nun, ich persönlich bringe sie lieber mit der Gegenüberstellung zweier Fandoms[65] in Bezug: *Star Wars* oder *Star Trek*[66]? Da kann es nur eine Antwort geben: Scheißegal – ich mag beide! Und nicht nur ausschließlich diese beiden.

Und bei der »Katze oder Hund?«-Frage verhält es sich für mich genauso. Schwupp, und schon bin ich in einer Randgruppe gelandet. Offensichtlich ist es für den Großteil der Tierbesitzer nicht nachvollziehbar, dass man sowohl Katzen als auch Hunde mögen kann.

Warum mir zwei Katzentiere dann erlauben, in ihrer Wohnung zu leben?

Relativ einfach: Sie sind vom Zeitaufwand einfach pflegeleichter – so für mich als Vollzeit-Katzenfutterverdienerin. Abgesehen davon bin ich auch ziemlich faul, wenn es ums Spazierengehen geht. Besonders bei schlechtem Wetter. Zwei Punkte, die meine Katzentiere mit mir gemein haben. Außerdem schlafen die beiden auch gerne (wie schon

---

65 - Als Fandom wird die Gesamtheit der Fans eines bestimmten Phänomens bezeichnet, zum Beispiel die Anhänger eines bestimmten Autors, eines Films oder eines Genres. Besonders oft wird der Begriff für die Fangemeinden bestimmter Werke aus dem Fantasy- oder Science-Fiction-Bereich verwendet.

66 - Mit Serien, Filmen, Comics u. v. a. m. seit dem Jahr 1966 gilt *Star Trek* ebenfalls als eins der langlebigsten Science-Fiction-Franchises aller Zeiten.

erwähnt etwa 16-18 Stunden am Tag) und viel. Hunde schlafen weniger, »nur« etwa 12 Stunden.

Ich selbst schlafe übrigens auch recht gerne, aber das nur am Rande.

Vor Jahren, als die eingangs beschriebene Überlegung der Tieranschaffung zur Debatte stand, waren genau das die ausschlaggebenden Punkte. Ein Hund muss mehrmals am Tag raus. Ich hatte zu dem Zeitpunkt noch nicht mal einen Garten, in dem Schnüffelnase zur Not mal etwas Auslauf gehabt hätte. Ich durfte auch keinen Hund mit auf die Arbeitsstelle bringen. Was sollte ich also dann mit einem Tier, das bei diesen Lebensbedingungen schon nach 6 Monaten bekloppt geworden wäre? Eins holen, nur damit ich mich in die große Gemeinschaft der Hundeliebhaber einreihen kann und dazugehöre? Nööö.

Einige gutgemeinte aber total doofe Ratschläge à la »Dann besorg dir doch einen Hundesitter!« oder »Bring ihn doch tagsüber in eine Betreuung« haben mich in Folge ereilt, als ich meinte, dass ich keinen Hund brauche, der 23 Stunden am Tag zuhause sitzt und auf mich wartet.

Ja ne, is klar! Ich fahre meinen treuen Begleiter jeden Morgen in einen Hundehort, bezahle ein Schweinegeld dafür, dass der Hund mehr Bezug zu einer fremden Person hat als zu mir, nur um mit stolzgeschwellter Brust sagen zu können: »Ja, auch ich bin Team Hund!«

Mal ganz ehrlich, so unter uns Mitgliedern von Team Katze und der Randgruppe von Fans von beiden Gattungen … Kein erstrebenswertes Ziel, oder?

Aus diesen und vielen anderen Gründen wurden es dann bekanntlich eben die zwei Katzentiere. Hierzu verweise ich auf *§ 3 – Definition und Wahl des/der Bediensteten.*

Manche Mitglieder von Team Hund und auch von Team Katze stehen dem Ganzen ja wirklich entspannt gegenüber. Sie können zwar nicht nachvollziehen, warum man sich für die andere Tierart entschieden hat, respektieren aber die Entscheidung des Tierbesitzers. Läuft. Niemand muss persönliche Entscheidungen verstehen, aber der Respekt sollte nicht fehlen. Wie übrigens ganz im Allgemeinen auch.

Dann gibt es aber leider auch die Radikalen und die Ultras (ja, ganz ähnlich wie bei sehr populären Sportarten) in den Teams. Die lassen nichts auf ihre Tierart kommen und schreien Zeter und Mordio, sollte man dieser Meinung nicht zustimmen. Da darf man die Katzen- oder Hundetiere nicht mal mögen. Sehr wahrscheinlich haben die in ihren Wohnungen Haar-Detektoren installiert, die jeden Besucher scannen, um sicherzustellen, dass sich keine Fremdtierarten-Haare auf der Kleidung befinden. Auch normale Gespräche sind da kaum machbar.

Auf die Frage, was denn der Hunde-Ultra eigentlich gegen die Katzentiere hat, bekommt man schlicht und einfach jedes verkratzte Vorurteil auf die Zwölf gehauen, das es gibt. Angefangen davon, dass Katzen ja nicht erziehbar seien oder sie ja nur Einzelgänger wären, Dreck machen würden, bei jeder Gelegenheit kratzen und beißen und die Wohnung oder den Garten vollscheißen … Dass sie Möbel kaputtmachen würden, Gardinen von den Fenstern und Tapeten von den Wänden holen und tote Tierkadaver mit ins Bett bringen.

Alternativ gibt's solche Argumentationen auch aus dem Lager der Katzen-Ultras, etwa in solcher Form:

»Das Hundetier ist nicht selbstständig.«

»Der braucht ständig jemanden um sich.«

»Der bellt, der beißt Menschen, andere Hunde oder sich selbst.«

»Der macht alles zum Spielzeug und kaut es kaputt, und der frisst alles, was ihm in die Quere kommt.«

Und so weiter. Und so fort.

Bei beiden Teams ist diese Art von Liste beliebig erweiterbar. Der Ultra kennt da keine Grenzen.

Und ja: Jede der beiden Tierarten hat ihre Vor- und Nachteile, auf die man sich als Besitzer und Liebhaber einlässt und mit ihnen umzugehen lernt. Wenn nicht, ist man ziemlich bald kein Katzentier- oder Hundetierbesitzer mehr.

Nachdem Rollmops und Rasender Buddha bei mir eingezogen waren, offenbarten sich bald die sogenannten versteckten Ultras. Da geht man nichtsahnend morgens zum Bäcker und verpasst dem Hund, der einem entgegenkommt, eine Streicheleinheit – so wie jeden Morgen. Hundetier knurrt mich an. Warum auch immer. Hatte vielleicht nicht richtig ausgeschlafen.

Der entsetzte Besitzer reißt die Augen wie ein zum Abschuss freigegebenes Karnickel auf und fragt mich völlig entsetzt, ob ich Katzen hätte. Nun, meine Fleecejacke reichte ihm wohl als Hinweis, denn das ursprüngliche Schwarz war unter den vielen weißen Katzenhaaren nur noch verschleiert sichtbar. Als ich zugebe, Katzentier-Besitzer zu sein, zieht er seinen Hund von mir weg, als hätte ich Ebola. »Der hasst Katzen! Genau wie ich!«

Okay, dann halt keine Leckerchen mehr für das Hundetier, meine ich nur zu dem sichtlich geschockten Herrn und lasse ihn stehen. Dabei geht mir das Gedankenspiel durch den Kopf, ob es nicht eher das Herrchen war, das Katzentiere nicht mag und diese Antipathie auf den Hund übertragen hat. So funktioniert das ja auch bei Eltern-Kind-Beziehungen, und es darf dreimal geraten werden, von wem ich meine Spinnenangst hab.

Meine dicken Katzentiere sehen das ziemlich gelassen. Nicht die Spinnenangst, sondern das mit den Hundetieren. Es stört sie nicht ein Miau, ob ich vorher unseren neuen Nachbarshund gestreichelt und somit seine langen Haare oder auch seinen Sabber an mir habe (weil er nach Leckerchengabe auch jedes noch so kleinste Krümelchen von der Hand lecken musste), geschweige denn, ob Piraten-Katzentier aus der Nachbarschaft ausgiebig beschmust wurde. Die sind erst einmal froh, dass ich ihnen wieder meine ungeteilte Aufmerksamkeit widme. Da werden Körperteile und Kleidung ausgiebig nach den fremden Düften abgeschnüffelt und dann ist der Drops aber auch gelutscht. Ab auf das Sofa, umfallen, Bäuchlein kraulen lassen.

Und so geht es auch mir dann mit den Ultras. Egal ob Team Katze oder Hund, Team Cap oder Iron Man[67], Team *Star Trek* oder *Star Wars*: Tiere und Menschen, die meine Entscheidungen respektieren, sind immer herzlich willkommen, auch wenn wir nicht zwangsläufig im gleichen Team spielen. Aber zwanghafte Missionare ihrer Sache, die rein gar nichts nebenher akzeptieren können, die brauchen weder die dicken Katzentiere noch ich.

Zur allgemeinen Erheiterung ist diese Kommentierung noch mit einem kleinen Anhang versehen, dessen ursprünglicher Verfasser leider nicht eruiert werden konnte. Ich wünsche viel Spaß beim Durcharbeiten.

Anlage zur Kommentierung des *§ 20 – Vertragliche Regelungen mit anderen Tierarten*:

Auszüge aus dem Tagebuch eines Hundes und einer Katze[68]

Der Hund schreibt:
07:00 Uhr – Boah! Gassi gehen! Das mag ich am liebsten!
08:00 Uhr – Boah! Fressi! Das mag ich am liebsten!
09:30 Uhr – Boah! Eine Spazierfahrt! Das mag ich am liebsten!
09:35 Uhr – Boah! Im Auto pennen! Das mag ich am liebsten!
10:30 Uhr – Boah! Eine Spazierfahrt! Das mag ich am liebsten!
11:30 Uhr – Boah! Heimkommen! Das mag ich am liebsten!
12:00 Uhr – Boah! Die Kinder kommen! Das mag ich am liebsten!

67 - Captain America und Iron Man sind beliebte Figuren aus dem *Marvel*-Universum, die sich seit Jahrzehnten sowohl in den Comics als auch in deren Adaptionen immer wieder in epischen Schlachten gegenüberstehen.
68 - Beispielhafte Quelle des Texts: *Haustiger.info*

13:00 Uhr – Boah! Ab in den Garten! Das mag ich am liebsten!

16:00 Uhr – Boah! Noch mehr Kinder! Das mag ich am liebsten!

17:00 Uhr – Boah! Fressi! Das mag ich am liebsten!

18:00 Uhr – Boah! Mein Herrchen! Das mag ich am liebsten!

19:00 Uhr – Boah! Stöckchen holen! Das mag ich am liebsten!

21:30 Uhr – Boah! In Frauchens Bett schlafen! Das mag ich am liebsten!

Die Katze diktiert ihrem Schreiber:

Tag 2557 meiner Gefangenschaft.

Meine Wärter versuchen weiterhin, mich mit kleinen Objekten an Schnüren zu locken und zu reizen. Ich habe beobachtet, wie sie sich den Bauch mit frischem Fleisch vollschlagen, während sie mir nur zerstampfte, gekochte Reste von toten Tieren mit kaum definierbarem Gemüse vorsetzen.

Die einzige Hoffnung, die mir bleibt, ist die auf eine baldige Flucht.

Währenddessen erlange ich Genugtuung, in dem ich weiterhin Tapete von der Wand kratze, Gegenstände aus Regalen hole oder eine Gardine zerreiße. Morgen werde ich mal wieder eine Zimmerpflanze fressen oder einige tote Insekten in die Betten meiner Wärter legen.

Heute habe ich es beinahe geschafft, einen Wärter durch mein Schleichen zwischen seinen Beinen zu Fall zu bringen und ihn dadurch zu töten. Ich muss einen günstigen Moment abpassen, zum Beispiel, wenn er sich auf der Treppe befindet.

Um meine Anwesenheit abstoßender zu gestalten, zwang ich Halbverdautes wieder aus meinem Magen auf einen Polstersessel. Das nächste Mal ist das Bett dran.

Mein Plan, meinen Wärtern durch den geköpften Körper einer Maus Angst vor meinen mörderischen Fähigkeiten einzuflößen, ist auch gescheitert. Sie haben mich nur gelobt und mir Milchdrops gegeben. Was wiederum gut ist, weil mir davon schlecht wird.

Heute waren viele ihrer Komplizen da. Ich wurde für die Dauer von deren Anwesenheit in Einzelhaft gesperrt. Ich konnte hören, wie sie lachten und aßen. Auch hörte ich, dass ich wegen einer sogenannten »Allergie« eingesperrt wurde. Ich muss lernen, wie ich diese Technik perfektionieren und zu meinem Vorteil nutzen kann.

Die anderen Gefangen sind Weicheier und wahrscheinlich Informanten.

Der Hund wird oft freigelassen, kommt aber immer wieder freudestrahlend zurück. Er ist offensichtlich nicht ganz dicht.

Der Vogel dagegen ist garantiert ein Spion. Er spricht oft und viel mit den Wärtern. Ich glaube, dass er mich genauestens beobachtet und jeden meiner Schritte meldet. Da er sich in einem Stahlverschlag befindet, kann ich nicht an ihn ran.

Aber ich habe Zeit, mein Tag wird kommen ...

§ 21 – Stimmliche Signalwirkung von Katzentieren unter sich

Die Katze hat für Recht und Ordnung in ihrem Revier zu sorgen. Bei Grenzüberschreitungen durch fremde Katzen ohne vorherige Kontrolle hat die heimische Katze sofort lautstark ein Warnsignal zu geben. Hierbei spielt es keine Rolle, ob bereits Nachtruhe gilt.

Kommentar:

Es ist Sommer, jedenfalls sagt das der Kalender. Von den Temperaturen her merkt man es nur, wenn der Regen wärmer wird. Trotzdem ist es warm genug, dass ich mich genötigt sehe, Fenster auf Kipp zu stellen oder ganz zu öffnen, bevorzugt abends oder nachts.

Und ja, ich stelle meine Fenster wie bereits erwähnt trotz der Anwesenheit von reinen Wohnungs-Katzentieren auf Kipp – ohne besondere weitere Sicherung. Die sind einfach nicht nötig, denn die Abstände Fenster/Wand in Relation zum Katzentier-Volumen Kopf/Körper sind die beste Sicherheitsfunktion, weitere Hilfe der kaum vorhandene Jagdtrieb und die ausgeprägte Faulheit.

Aber zurück zu den offenen Fenstern und zur Tatsache, dass durch sie Außengeräusche sehr viel lauter wahrgenommen werden. Besonders in der Nacht, in einer sehr beschaulichen Kleinstadt und durch die baulichen Bedingungen der Wohnung im ersten Geschoss. Schall ist manchmal wirklich unnötig. Vor allem, wenn sich die Wohnung auf der Grenze zweier Katzentier-Reviere befindet. Deren unumstößliche Herrscher gerne vornehmlich nachts ihre Konfliktsituationen klären möchten. Und das in einer Lautstärke, dass es wirklich auch noch das Katzentier im übernächsten Revier mitbekommt. Das Prozedere hat sehr viel Ähnlichkeit zu Bandenkriegen.

Da gibt es zum einen die Freibeuter-Bande unter Führung von Nachbars-Katzentier und Dauer-Liegestuhlbesetzer Pirat. Und dann die Sesam-Bande unter Leitung von Aladdin. Aladdin heißt bestimmt nicht so, hat aber einen Gesichtsausdruck wie eben jener Aladdin[69] aus dem gleichnamigen *Disney*-Zeichentrickfilm. Für die jüngeren Leser unter Ihnen … Das sind Filme, für die man Bilder noch mit der Hand gemalt und nicht am Computer generiert hat.

Auf jeden Fall ist Aladdin der Chef, lässt das jeden wissen und kommt auch immer mit seinen Star-Allüren durch. Außer bei Pirat. Der sieht überhaupt nicht ein, warum Aladdin hier den Dicken markieren muss und es wagt, durch seinen (na ja, eigentlich ist es ja meiner, aber wer schaut da schon so genau drauf?) Garten zu laufen und Anstalten zu machen, auf seinem Liegestuhl (äh … wieder meiner … in der Theorie) Platz zu nehmen. Das mit dem Liegestuhl war nach einem klärenden Acht-Pfoten-Gespräch schnell wieder vom Tisch, allerdings sind sich die beiden Katzentiere noch uneins darüber, wer nun die Hoheitsrechte über den Garten und die an den Garten angrenzende Straße hat.

Bekanntlich schlafen Katzentiere zwischen 12 und 18 Stunden am Tag, und die wenigen Stunden, welche die Wachphase umfasst, gehen leider sehr selten – also wirklich äußerst selten – mit denen ihrer Bediensteten konform. Das führt zu dem Umstand, dass Aladdin und Pirat sich mitsamt ihren kompletten Gangmitgliedern zumeist zwischen 23:00 Uhr und 24:00 Uhr treffen. An der Gartenstraße, Luftlinie fünf Meter von meinem offenen Schlafzimmerfenster entfernt.

Zunächst hört man in einer Nacht wie dieser nur hier und da ein Miauen mit einem leicht genervten Unterton. Das ist erst der Anfang. In jeder Gang wird durch das Miauen

69 - Aladin war ursprünglich die Hauptfigur in *Aladin und die Wunderlampe* aus der Geschichtensammlung *Märchen aus 1001 Nacht*. Im Film der *Walt-Disney-Studios* von 1992 wurde die Schreibweise des Protagonisten leicht abgeändert.

erst mal geklärt, wer sich mit wem wohl am besten im Zweikampf misst. Das dauert erfahrungsgemäß zwischen 30 Sekunden und 5 Minuten. Je nachdem, wie viele Gangmitglieder Ausgang bekommen haben und ob zufällig einer der Anwohner mit dem Auto vorbeikommt.

Ist die Auswahl der Gegner beendet, herrscht für einige Minuten eine verdächtige Stille. Hier genau erliegt man als Bediensteter gerne dieser unheimlichen trügerischen Ruhe und beginnt einzudösen. Auch bei dieser Runde kommt es gerne zu unterschiedlichen Zeitspannen. Da aber Katzentiere entweder ein sehr spezielles Gespür oder aber irgendein Gerät aus einer fremden Dimension besitzen, um auf die Sekunde genau erkennen, wann sie sich rühren müssen, damit man erschrocken wieder aufwacht, legen die Anführer stets exakt zum richtigen Zeitpunkt mit der eigentlichen Action los.

In den ersten paar Schrecksekunden braucht das aus dem Schlaf gerissene menschliche Hirn etwas Zeit, um zu sondieren und zu sortieren, ob es sich bei dem Lärm um Katzentiere oder ein menschliches Baby oder Kleinkind handelt. Teilweise braucht es auch etwas länger, kommt ganz auf den Schrei des Katzentiers an und wie schnell das Hirn komplett hochgefahren ist. Denn zu Anfang ist es immer ein Schreien, relativ kurz. Bevor dann ein Katzentier der anderen Gang antwortet. Über etwa 15 Minuten hinweg werden die wütenden Miau-Geräusche und Maunzer immer länger und lauter, bis sie schließlich in einem sehr aggressiven Fauchen enden.

Den weiteren Nebengeräuschen zu folgen werden da auch ein paar ordentliche Pfotenhiebe verteilt, und es muss diesmal wohl eine Mülltonne im Weg gestanden haben. Jetzt liegt die Mülltonne quer auf der Straße, und im Schein der Laterne erkennt man 3 bis 15 Katzentiere, die hin- und her stromern und den Inhalt der Tonne inspizieren.

Das wird eine lange Nacht, offensichtlich war das einer der vielen Vorkämpfe. Und ähnliche wie diverse

Privatsender, die eine Sportübertragung bereits zwei Stunden vor dem eigentlichen Hauptereignis mit jeder Menge Nebensächlichkeiten füllen, scheinen auch Katzentiere eine teuflische Freude daran zu haben, die Angelegenheit unnötig in die Länge zu ziehen und die Bediensteten von der dringend benötigten Ruhe abzuhalten.

Bis zu diesem Zeitpunkt fanden Rollmops und Rasender Buddha den Häuserkampf vor ihrer Wohnung ziemlich unspannend. Jedenfalls war das lautstarke Schnarchen links von der Kommode und rechts vom Kratzbaum dafür ein ziemlich eindeutiges Zeichen.

Doch plötzlich haben die beiden Katzentiere ihre Intoleranz gegenüber den Eindringlingen entdeckt und stehen nun beide vor der Balkontür. Zwar schreien sie nicht wie die (gefühlten) 40 Katzentiere auf der Straße, dafür geht dann das sogenannte Geknöcker los. Eine Mischung von verschiedenen kehligen Tonfolgen, gemischt mit Miauen. Ist nicht laut aber schrill und hält einen ausgesprochen gut wach.

Ohne Zweifel müssen sowohl meine als auch die Straßengang-Katzentiere so ein erwähntes Gerät haben, um genau zu wissen, wann man gerade wieder am Wegknacken ist. Nach etwa einer Stunde wird es langsam zermürbend und grenzt an Folter. Bevor es am nächsten Tag noch ein Live-Rollenspiel à la *The Walking Dead* gibt, erklärt die Bedienstete die unangenehme Wärme im Zimmer für vernachlässigbar, und die Fenster sind nun zu.

Rollmops und Rasender Buddha sind not amused, weil sie durch diese Maßnahme nicht sehen können, was unten auf der Straße passiert und sie sich neu positionieren müssen. Für herrliche gefühlte 30 Sekunden ist es auch ruhig genug, als dass man einschlafen könnte.

Doch erneut sind Pirat, Aladdin und die 40 Katzentiere schneller und haben die Fightzone in meinen Garten verlegt. Nicht dass der irgendwelche Schäden davontragen würde, er sieht ohnehin wie ein Panzerübungsplatz aus.

Doch jetzt habe ich nur noch 3 Meter Entfernung zwischen Schlafzimmerfenster und Kampfarena.

Mir scheint, die grundlegenden Grenzstreitigkeiten sind beendet. Einer der 40 Katzenräuber aus Aladdins Clique hat den Vorstoß ins Feindesland gewagt (meinen Garten) und wird nun von Pirat und seiner Crew eingekreist.

Die Utopie, an Schlaf zu denken, verwerfe ich endgültig, ich werde mir stattdessen den Fight live ansehen. Ironischerweise tun das alle anderen Katzentiere, die gerade nicht aktiv im Einsatz sind, auch. Nur Rollmops und Rasender Buddha pennen auf einmal wieder so fest, dass sie noch nicht mal mitbekommen haben, dass die Austragung der Streitigkeiten weitergeht.

Ich sehe es schon kommen, dass kaum, dass draußen Ruhe ist, diese beiden Miezen aufstehen und nochmal Halligalli machen.

Doch in dieser Nacht haben plötzlich alle Katzentiere ein Einsehen, oder sie fürchten, dass aufgrund von Schlafentzug der Leckerchen-Nachschub versiegen könnte. Jedenfalls sind nach etwa zwei weiteren Minuten alle Streitigkeiten geklärt, kein Katzentier ist mehr weit und breit auf der Straße oder im Garten zu sehen. Rasender Buddha und Rollmops haben sich so positioniert, dass mir tatsächlich noch Platz genug zum Schlafen bleibt. Ich danke den Katzentieren in Gedanken für etwas Selbstverständliches und hoffe, dass ich am nächsten Tag den Wecker höre, um das tägliche Katzentier-Futter zu verdienen.

§ 22 – Einsatz von Waffen in Gefahrensituationen

Bei akuten Gefahrensituationen hat die Katze all die ihr zur Verfügung stehenden Waffen zum Einsatz zu bringen. Die Beurteilung, ob es sich um eine Gefahrensituation handelt und welche Waffen im Einzelnen zur zweckmäßigen Bestimmung in Nutzung genommen werden müssen, obliegt alleine der Katze.

Kommentar:

Gefahrensituationen oder auch Notsituationen könnten für Katzentiere nicht unterschiedlicher sein. Es kommt bei der Einschätzung zuallererst auf die Tagesform des Katzentiers und des Bediensteten an. Nun ja, genaugenommen kommt es nur auf die Tagesform des Katzentiers an, vergessen Sie den Bediensteten. Aber auch das Wetter im Allgemeinen, Luftdruck, Sonneneinstrahlung, Auswahl des Spielzeugs, Kartongröße und Anzahl der bis dahin kredenzten Leckerchen spielen hierbei eine große Rolle. Wie die Gewichtung der jeweiligen Punkte ist, bestimmt natürlich das Katzentier in jeder Situation neu. Es wäre ja auch sonst langweilig, wenn alles vorhersehbar wäre.

Was aber immer und überall einen der größten Notfälle der Welt für Katzentiere darstellt, ist der leere Futternapf!

Nehmen wir mal Rollmops und Rasender Buddha, die unterschiedlicher nicht sein könnten. Jeder der beiden hat ein spezielles Guten-Morgen-Ritual, um vornehmlich am Wochenende oder im Urlaub den Bediensteten in den Wahnsinn zu treiben. Zunächst haben sie es nach mehreren Jahren im 5-Sterne-Ressort – auch meine Wohnung genannt – noch immer nicht geschafft, sich mal auf eine bestimmte Uhrzeit zu einigen. Besonders was das Wecken und die Weckzeiten angeht. Hier kann es mal 5 Uhr morgens sein (immer wieder gerne am Sonntag oder Feiertag beliebt) oder auch mal 9 Uhr (favorisiert unter der Woche, wenn man die beiden Wecker im Halbschlaf ausgestellt und daher super lange verschlafen hat).

Rasender Buddha ist morgens, egal um welche Uhrzeit, sehr unentspannt, wenn es darum geht, seine Bedienstete aus dem Bett zu holen. Zunächst wandert sein gewichtiger Astralleib über die gesamte Bettdecke, unter der ich noch liege. Etwa 8 kg auf vier Pfoten verteilt merkt man schon ziemlich, vor allem, wenn der dicke Mops auch noch schön auf dem Schlüsselbein stehen bleibt oder sich mit Schwung auf meinen Bauch wirft. Über die Jahre habe ich aber gelernt, mit dem Schmerz zu leben, und es gelingt mir nun, die Trampelei zu ignorieren. Aber Rasender Buddha wäre nicht er, wenn er sich davon beeindrucken ließe.

Sehr langsam robbt er sich nun unter lautem, nein, sehr lautem Miauen so weit in Richtung meines Kopfes, bis er etwa noch drei Zentimeter Luftlinie von meinem Ohr entfernt ist. Sie erraten es, oder? Richtig. Es dröhnt sodann ein gefühltes 130-Dezibel-Miau in mein Ohr. Die Verteidigungsstrategie, sich die Decke über den Kopf zu ziehen, funktioniert nicht, denn diese wird von dem Katzentier blockiert. Also wird im leichten Dämmerzustand der Arm so drapiert, dass das Ohr geschützt ist und das brüllende Miauen nur noch einem kleinen Piepsen gleicht.

Doch Rasender Buddha hat seine Munition noch nicht komplett verschossen. Es wird sich noch ein Stück bewegt und umrangiert, bis er ganz nah an meinem Kopf sitzt. Und jetzt kommt das ätzende ekligste Weckritual aller Zeiten. Die raue Katzentierzunge wird ausgefahren, und ich bekomme eine liebevoll gemeinte Haaransatzwäsche, gefolgt von einem lauten Schmatzen, wenn Rasender Buddha eines der Haare in sein Schnäuzchen bekommt. Diese Kombination von nasser Katzenzunge und Schmatzgeräuschen ist so … ja so … erweckend, das ich schließlich aufstehe.

Ironischerweise ist das dann genau der Zeitpunkt für Rasender Buddha, sich mit einem eleganten Hüftschwung und einem lauten Miau in Richtung Kratzbaum zu verabschieden, um dann noch ein power nap von einigen Stunden zu absolvieren, bevor er sich an den Futternapf für das Frühstück bequemt.

Ist ja auch eigentlich noch viel zu früh, und ich kann mich nicht des Eindrucks erwehren, er wollte nur mal schauen, ob es funktioniert. Ja, hat es. Ich bin wach, und die Katze schnarcht schon wenige Minuten später so laut, dass sicher im Amazonischen Regenwald ein paar Bäume umfallen.

Rollmops hingegen ist ein kleiner Penner, im Sinne von Schlafmütze. Das Einzige, was bei ihm einer gewissen Form von Regelmäßigkeit entspricht, um sein persönliches Weck-Ritual einzuläuten, ist wirklich der Wecker. Es ist ihm einfach zu viel Arbeit, mich aus dem Tiefschlaf herauszuholen. Daher lässt er das seinen klingelnden Freund erledigen und wartet sehr geduldig, bis unter der Bettdecke ein Arm in Richtung Weckgerät ausgefahren wird, um dem Wachmacher den Gar auszumachen.

Ist das Manöver erfolgreich, pirscht sich das plüschige Katzentier sehr langsam von der Seite an und wiegt mich in trügerischer Sicherheit, indem es sich einfach an die Seite legt und zu schnurren anfängt. Aus leidvoller Erfahrung kann ich sagen, dass es nichts Besseres als Einschlafhilfe gibt als das laute Schnurren eines Katzentiers. Und glauben Sie mir, das Katzentier weiß das auch ganz genau. Das elende Vieh wartet schön ab, bis ich fast wieder richtig fest eingeschlafen bin, nur um dann auf mir rumzuturnen und sich schließlich in altbekannter Sphinxen-Position fünf Zentimeter Luftlinie vor meiner Nase niederzulassen. Als gute Katzenbedienstete geht bei mir dann schon automatisch die Hand zum Katzentier und beginnt mit einer großzügigen Streicheleinheit. Jedenfalls so lange, bis das

Schnurren mich abermals in einen komatösen Zustand versetzt.

Jetzt zeigt Rollmops aber weitaus weniger Erbarmen als er es zunächst ausdrücken wollte. Mit einer Heftigkeit, die den Begriff Samtpfote Lügen straft, bekomme ich plötzlich die Pranke des Katzentiers auf die Nase gedonnert. Bei den ersten Attacken dieser Art habe ich noch fälschlicherweise gedacht, dass er mich mit seiner Riesenpfote zu ersticken versucht, doch dem war nicht so. Offensichtlich weiß das Katzentier bloß, wie kitzlig die Nase des menschlichen Bediensteten ist. Und mit Fell an der Pfote juckt es erst recht furchtbar und reicht durchaus, um den Weckprozess wieder in Gang zu setzen.

Damit das Jucken auch mal wieder aufhört, und da mein zweiter mechanischer Wecker mir suggeriert, dass ich noch 15 Minuten bis zum echten Aufstehen habe, schiebe ich das zierliche Pfötchen weg und halte es fest. Sonst habe ich die Fusselpfote ja gleich wieder im Gesicht.

Aber das Katzentier zeigt erneut seine unheimlich gewaltige Kenntnis der menschlichen Physis und wartet einfach, bis ich wieder am Wegknacken bin, zieht dann seine Pfote aus dem zugegebenermaßen lockeren Handgriff, um sie erneut auf meiner Nase zu platzieren. Doch Fell und Plüsch war vorhin, jetzt folgt gnadenlos eine der fiesesten Waffen aller Zeiten – die Kralle.

Ich weiß ehrlich gesagt nicht einmal, wie Rollmops das körperlich hinbekommt, doch er schafft es, genau eine Kralle auszufahren, diese zielsicher auf meiner Nasenspitze zu parken und Druck auszuüben. Das ist in etwa so, als wenn man mit einer Nadel gestochen wird – es geht durch Mark und Bein. Mache ich dann schmerzverzerrt die Glotzer auf, schauen mich zwei unschuldig dreinblickende bernsteinfarbene Augen an, und das Schnurren wird noch lauter. Meistens gefolgt von einer eleganten Rolle, sodass ich gleich das Bäuchlein kraulen kann, was ich natürlich auch tue.

Das Schlimme daran ist, allein diese Geste ist eine entmachtende Waffe des Katzentiers, denn Rollmops weiß genau, dass er trotz seiner Größe eher aussieht wie so ein 12 Wochen alter Dreikäsehoch. Aber auch er hat es dann geschafft, mich erfolgreich zu wecken. Wäre er dann nicht immer gleich beleidigt, wenn Wecker Nr. 2 klingelt und ich tatsächlich aufstehen muss, wäre es perfekt.

Doch will ich nicht klagen, immerhin gestatten mir beide Katzentiere zunächst das Anschalten der Kaffeemaschine, bevor ich anmiaut werde, weil der Futternapf nicht voll ist. Hier brauche ich sicherlich nur beiläufig anzumerken, dass der Futternapf voll ist, aber nicht randvoll, also katzentiertechnisch quasi leer.

Und die Moral von der Geschichte: Notfälle liegen im Auge des Betrachters.

Abschnitt 8
Überwachung zuständiger Bediensteter

§ 23 – Beurteilung von Arbeitsbedingungen des Bediensteten

Die Katze hat Maßnahmen zu treffen, damit ihr der Bedienstete stets zur Verfügung steht. Die geplanten Unternehmungen des Bediensteten sind dabei immer niedriger zu priorisieren als die der Katze. Diese Bestimmung soll zusätzlich unter Anwendung der §§ 24 ff. *umgesetzt werden.*

Kommentar:

Ladies and Gentlemen … Auf der linken Seite … der noch amtierende Champion, der Dosenöffner aka Katzentier-Bedienstete. Manchmal auch als Leibeigener bezeichnet und für das plüschige Wohl von Rasender Buddha und Rollmops verantwortlich.

Auf der rechten Seite als erneute Herausforderer Rasender Buddha und Rollmops.

Lasst die Spiele beginnen und: Ring frei zu Runde 1!

Nicht nur der Katzenfutter-Verdiener-Job macht es sehr oft nötig, vor dem PC zu sitzen, alternativ auch das Tablet vor sich zu haben, sondern ab und zu muss auch mal was fürs Hobby und für private Angelegenheiten digital, in welcher Form auch immer, bearbeitet werden. Das nutzt das gemeine Katzentier im Haushalt jedes Mal gnadenlos aus und beginnt das bekannte und beliebte Schreibtisch-Spiel.

Bewusst hat sich der Dosenöffner bei der Wohnungseinrichtung für einen relativ großen Schreibtisch entschieden. Es sollte Platz für zwei Monitore sein, und Tastatur, Maus und Drucker müssen auch irgendwo hin. Natürlich war auch eine ausreichend große Ablage eingeplant, da der Bedienstete zu jenen Menschen gehört, die der Philosophie »aus den Augen, aus dem Sinn« folgen. Diese verlangt nach jeder Menge Ablageplatz.

Nicht eingeplant hatte man allerdings die Sitz- und Liegemöglichkeiten für zwei dicke Fellpopos, die kaum, dass man am Schreibtisch sitzt und etwas arbeiten will, den Tisch okkupieren. Also, zumindest den Teil des Tisches, der zwischen dem verzweifelten Katzendiener und den Monitoren liegt, oder den, wo sich sonst die Tastatur befindet, jetzt aber ein riesiges Katzenfell liegt und vor sich hin brummt.

Rollmops hat über die Zeit die richtigen Spieletaktiken entwickelt, wie man am effektivsten auf den Schreibtisch gelangt, ohne dass der Dosenöffner noch eingreifen kann. Die erste Taktik, sich neben den Stuhl zu setzen und so lange mit dem Fellpopo zu wackeln, bis Rollmops die richtige Peilung für den Satz nach oben hat, ist allerdings nur kurz von Erfolg gekrönt. Laminat, Krallen und die aus der Kombination resultierenden kratzenden Geräusche machen den Katzentier-Bediensteten frühzeitig darauf aufmerksam, dass die Besetzung der Arbeitsfläche geplant ist. Mit mehreren lauten »Nein« wird auf Seiten des Menschen mehr oder minder erfolgreich versucht, den Absprung zu verhindern. Gleichzeitig rettet der erfahrene Katzentier-Bedienstete schon mal die Unterlagen, die er gleich braucht, aus der Landezone – nur für den Fall der Fälle.

In seltenen, also, sehr seltenen Fällen sieht der Rollmops von seinem perfiden Plan ab – geschätzt einmal bei 100 Versuchen. ***Seufz***

Wenn nun aber Rollmops schon mal da ist, wird auch kurz ein Öhrchen gekrault und dann der dicke Kater wieder auf den Boden gesetzt. Fast unnötig zu erwähnen, dass dieses Spiel mehrmals hintereinander vom Katzentier und Katzentier-Bedienstetem gespielt wird. Einmal ist keinmal. Und es hat nicht nur ein bisschen was von einem Boxkampf, sondern vielmehr auch was von *Candy Crush*[70] – mit unendlich vielen Leben.

---

70 - *Candy Crush* ist ein im Jahr 2012 erschienenes Online-Videospiel auf *Facebook* und für Smart-Geräte, von der Machart dem *Vier gewinnt*-Spiel ähnlich.

Ein Hinweis hierbei an den Spieler mit den Samtpfoten: Der kleine Teppichvorleger, der große Karton und das Fell, welche sich als Bonusflächen für Rollmops und Rasender Buddha im Zimmer befinden, sind in diesem Level strikt zu ignorieren. Sollte es dennoch als sicherer Liegeplatz genutzt werden, erhält der Katzentier-Bedienstete viele Bonuspunkte.

Nun gut, irgendwann hat Rollmops auch keinen Bock mehr, immer wieder zu scheitern und sucht sich einen anderen Weg ans Ziel. Um den Katzentier-Bediensteten in trügerische Sicherheit zu wiegen, wird das kleine Gästesofa als angeblicher Schlafort ausgewählt. Leider hat der Bedienstete nicht bedacht, dass der Höhenunterschied Sofa-Schreibtisch sehr viel geringer ist als der vom Schreibtisch zum Boden. Auch ist der Abstand vom Monitor zur Wand breiter als das stolze Katergesicht – passt also super, für das Katzentier jedenfalls. Damit ist Rollmops ein Level weiter, da der Adonis-gleiche Katzentier-Körper in seiner vollen Pracht vor dem Monitor platziert werden kann, der gerade vom Katzentier-Bediensteten primär als Arbeitsmittel genutzt wird. Sodann beginnt man mit der ausgiebigen Fellpflege. Kann hierbei der Bedienstete noch angerülpst oder können zusätzlich Katzentier-Darmwinde freigesetzt werden – Bonuspunkte!

Unterdessen setzt auch Rasender Buddha dem Katzentier-Bediensteten zu, indem er sich auf das Bonusfeld Fell setzt und mit forderndem Miauen in erster Instanz zu Liebkosungen auffordert – das gibt doppelte Bonuspunkte. Das Miauen ist keine Bitte, wie der Katzentier-Bedienstete erfahren muss, als Rasender Buddha zur zweiten Instanz wechselt, an den sonst so schleichenden Samtpfoten die Krallen ausfährt und sehr bestimmt damit an das Katzentier-Bediensteten-Bein klopft. Hat der Bedienstete nicht ein entsprechendes Beinkleid an, spürt er die messerscharfen Spitzen der Killerkrallen und tut, wie ihm befohlen

– Krabbeln, hinter dem linken Ohr, ganz viel. Damit können sich dann sowohl Katzentier-Bedienstete als auch Team Katzentier wichtige Bonuspunkte sichern.

Rollmops hat diese kurze Ablenkung jedoch genutzt, um die Tastatur in einer Subraumspalte[71] verschwinden zu lassen. Jedenfalls findet der Bedienstete statt dieser nur eine dicke plüschige Fellnase an gleicher Stelle vor – Level fast abgeschlossen.

Denn jetzt naht der Showdown. Ist Team Katzentier clever, wird jetzt als Geheimwaffe der *Blick*[72] eingesetzt, um so den Katzentier-Bedienstete in den Miezen-Bann zu ziehen und ihn damit schlussendlich vom Arbeiten abzuhalten.

Doch Rollmops hat zu lange gewartet. Unnachgiebig schiebt die Katzentier-Bedienstete den plüschigen Fellhintern von der Tastatur und bugsiert ihn auf eine Freifläche des Schreibtischs.

Jetzt hat man einen Patt. Rasender Buddha glaubt, das Match verloren zu haben und legt sich nach vielen Drehungen unter noch mehr Miauen auf dem Fell ab. Damit bringt er die Bonuspunkte für sein Team in Sicherheit, ist aber auch aus dem Spiel.

Nun liegt es an Rollmops, die Ehre für Team Katzentier zurückzuholen. Doch eigentlich hat der dazu überhaupt keine Lust mehr. Sein Gegenspieler, die Katzentier-Bedienstete, hat nicht fair gespielt. Auch der *Blick* hat nicht geholfen und Rollmops konnte noch nicht mal die Waffe »Köpfchen geben« einsetzen. Nein, das ist ihm dann wirklich zu viel. Schach!

Unter den gespannt blickenden Augen des Katzentier-Bediensteten beginnt Rollmops seine rituellen Waschungen. Elegant wie kein anderer Anwesender es vermag, wird

---

71 - Die Subraumspalte, auch Subraumanomalie genannt, ist ein Ausdruck aus dem *Star Trek*-Universum. Es handelt sich um eine irreparable, natürliche Öffnung, die Subraum und Normalraum miteinander verbindet und die die Grenzen zwischen dem Subraum und dem Normalraum aufhebt.

72 - Der *Blick* – eine der gefährlichsten Waffen einer Katze.

die Hinterpfote fast über das Ohr gestreckt, um sich am untersten Teil des Bauches zu putzen. Zufällig präsentiert Rollmops dem Katzentier-Bedienstete damit den Teil des Körpers, für den Rollmops seinen Gegenspieler nun hält … den Arsch.

Der Katzentier-Bedienstete nimmt es, wie es ist. Taktisch hat er die Schlacht gewonnen, aber moralisch? Kann man das überhaupt?

Die Antwort lautet Nein. Nicht sofort, aber nach wenigen Minuten, als sowohl von der Schreibtischseite und als auch von unter dem Schreibtisch unregelmäßig laute Schnarch-Geräusche an das Ohr des Katzentier-Bediensteten dringen, die ein konzentriertes Arbeiten nicht sonderlich vereinfachen.

Unentschieden – wie immer.

§ 24 – Umgang mit Aushilfsbediensteten in Abwesenheit des Hauptbediensteten

Die Katze hat nur in Ausnahmesituationen der Abwesenheit ihres Bediensteten zuzustimmen. Dies sind u. a. Dienstreisen zum Zweck der Steigerung des Wohlbefindens der Katze. Die Aushilfsbediensteten sind vorher genauestens über ihre Tätigkeit zu belehren und einzuarbeiten.

Kommentar:

Ab und zu lässt es sich einfach nicht vermeiden, dass ich meine Katzentiere für ein bis mehrere Tage alleine lassen muss. Meistens ist es hauptberuflicher Natur, schließlich muss ja das Katzenfutter weiter rangeschafft werden. Und zwischendurch erlaube ich mir auch eine Abwesenheit, um dem Nerd-Dasein zu frönen und eine Convention[73] zu besuchen.

Doch spielt der Grund meiner Abwesenheit eine untergeordnete Rolle. Wichtig ist, dass die Katzentiere weiter so gut wie möglich betüddelt werden. Auch wenn sie immer so tun, als wären sie arschige kleine Fellsnobs, sind sie doch im Grunde ihres Herzens zartbesaitete Fellnasen. Und denen passt es so gar nicht, wenn sie meinen Koffer nicht mehr auf dem Schrank stehen sehen, sondern auf der Kommode.

Rasender Buddha versucht immer wieder, meine Abreise mit seiner berühmten Kofferbesetzung zu verhindern. Sehr zu seinem Leidwesen reichen seine Bemühungen nicht aus, es verschiebt das Unvermeidliche nur wenige Minuten nach hinten. Allerdings vermute ich eine teuflische Freude seinerseits daran, sich mit Vorliebe auf bereits im Koffer befindliche dunkelfarbige Kleidung zu legen. Das bedeutet für

---

73 - Eine Convention, in der Kurzform Con genannt, ist eine Veranstaltung, auf der sich Menschen mit gleichartigen Interessen treffen, um andere Gleichgesinnte kennenzulernen, sich mit ihnen über das Hobby auszutauschen und teilweise diesem auch nachzugehen.

mich, dass ich zunächst nochmal mit der Fusselrolle alles reinigen darf und vorsichtshalber noch gleich zwei Rollen mit einpacke. Auf einer Dienstreise macht es nicht immer einen positiven Eindruck, wenn man von oben bis unten mit Katzentier-Haaren übersät ist.

Haben wir die Besetzung friedlich und ohne Polizeieinsatz beendet, und der Koffer ist zu, ohne dass eines der Katzentiere mit eingepackt wurde (ist selbst bei 7 und 8 kg schweren Katzen ohne weiteres möglich), beginnt das Trauerspiel von Rollmops. Mit letzter Kraft schleppt er sich vor meine Füße, fällt theatralischer als je ein sterbender Schwan es könnte zu Boden und bleibt auf der Seite liegen. Ich glaube, er arbeitet tatsächlich noch an seiner perfekten Imitation des Toten Mannes. Aber auch diese Situation wird mit einem kleinen Leckerchen geklärt.

Ich schleiche mich dann schon regelrecht aus der Wohnung und schaue nicht mehr zurück. Denn in diesen Momenten setzen beide Katzentiere ihre hypnotischen Fähigkeiten ein, die schon so manchen Bediensteten dazu getrieben haben sollen, Haus, Bausparvertrag und Auto auf die Katzentiere umzuschreiben.

Wer jetzt denken mag, ich reise ab und stelle den Katzentieren einfach ein paar Dosen Katzenfutter hin und lege noch einen Dosenöffner dazu, hat geirrt. Natürlich habe ich die besten Katzensitter beziehungsweise Aushilfsbediensteten für die Überbrückung meiner Abwesenheit engagiert. Je nach Zeitplanung schauen entweder die Nachbarn (die mit dem Piraten-Katzentier), mein schon lange nicht mehr für mich verantwortlicher Ex-Erziehungsberechtigter oder auch ein Freund, der die Plüschpopos ins Herz geschlossen hat, vorbei.

Apropos Ex-Erziehungsberechtigter … Der nimmt seine Pflichten gegenüber den Katzentieren sehr genau und verzichtet grundsätzlich auf seine sowieso schon sehr beschränkten Rechte, was die Katzentiere gnadenlos ausnutzen.

Abgesehen davon, dass sie ihm jedes verfügbare Leckerchen aus den Rippen leiern, schaffen sie es auch noch, dass er teilweise dreimal das Nassfutter neu kredenzt, da eines der Katzentiere mal die Nase über eine nicht so beliebte Sorte gerümpft hat.

Rollmops lässt sich mehrmals am Tag von ihm ein Bad anrichten (er sitzt also in der Spüle und wartet darauf, dass er das Wasser andreht), starrt ihn so lange an, bis die Katzentoilette nochmal umgeschippt wird, obwohl seit dem letzten Reinigungsgang alles noch unbenutzt war oder lässt sich den leeren (soll heißen, es fehlen 3 oder 4 Körner) Trockenfutter-Napf auffüllen.

Als Dank dafür, versucht Rollmops dann ständig, sich aus der Wohnungstür zu quetschen. Die Sache mit »Wenn der Kopf des Katzentiers durchpasst, passt auch der restliche Katzentier-Körper« trifft bei meinen dicken Katzentieren nur bedingt zu, was auch gut so ist. So wurden schon einige Geheimagenten-Aufträge abgeblasen, bevor sie überhaupt anfingen.

Jedoch nicht an diesem einen vermaledeiten Tag, von dem ich hier berichten möchte. Nicht ahnend, welches Schicksal ihm heute bevorstehen würde, hatte mein Herr Vater seine Pflichten gegenüber den Katzentieren ordnungsgemäß erfüllt. Er kontrollierte, dass alle Katzentiere sich in ihren Standby-Positionen auf dem Kratzbaum befanden und verließ meine Wohnung. Drei Schritte lang war seine Katzensitter-Welt noch in Ordnung – und dann passierte es … Rollmops ging hocherhobenen Schwanzes an ihm vorbei und würdigte die Aushilfskraft keines Blickes.

Der Herr Vater, sich seiner unvorstellbar großen Verantwortung bewusst und im Wissen, dass ich sofort jegliche Geschäftsbesprechung sausen lassen und nach Hause rasen würde, sollte er das Katzentier nicht wieder einfangen, sprintet ohne Rücksicht auf Verluste hinter Rollmops her.

Tatsächlich gelingt es ihm, das Katzentier nach wenigen Schritten zu schnappen und auf den Arm zu nehmen.

Dem Katzentier behagt das aber ganz und gar nicht. Mit aller Kraft, Beweglichkeit und Widerstand versucht die Katze, sich aus dem Kontrollgriff der Urlaubsvertretung zu winden. Nach unendlich lange wirkenden Momenten hat es die Mieze schließlich geschafft, sich zu befreien und gibt Fersengeld. Zwei Sekunden später sieht man nur noch eine Staubwolke und den roten Schwanz hinter den Mülltonnen verschwinden.

Sich seinem grausamen Schicksal ergebend geht der Aushilfsbedienstete ohne Katzentier zurück in die Wohnung, damit er mich über sein kolossales Versagen informieren kann. Der arme Mann muss wohl kurz vor einem Herzinfarkt gestanden haben, als er mit gesenktem Haupt die Wohnung aufschloss. Gefolgt von einem Blutdruck von 390/200, als ihn wie aus dem Nichts zwei Paar bernsteinfarbene Augen anschauen. Vom Kratzbaum, genau so, wie er sie vor drei Minuten zurückgelassen hat. Rollmops (der Echte!) und Rasender Buddha wirken etwas verwirrt, was der Mann schon wieder hier will. Die beiden sind müde und wollen jetzt nicht mehr gestört werden.

Das sieht auch mein Vater ein und fährt nach Hause.

Als er mir abends die Geschichte mit leicht verrücktem Lachen erzählt, wird mir klar, dass er ernsthaft versucht hat, das Nachbars-Katzentier einzufangen, das Rollmops von der Fellfarbe und -zeichnung ähnelt. Was soll man dazu noch sagen? 100 Punkte für meinen Vater für den todesmutigen Einsatz. Und ein großes Dankeschön an die Nachbars-Fellnase, die ihm nicht den Oberkörper und die Arme zerkratzt hat, als sie sich berechtigterweise erfolgreich befreit hat.

Fast unnötig zu erwähnen, dass ich besagtes Nachbars-Katzentier wochenlang nicht mehr gesehen habe. Und als es dann wieder genug Mut fand, sich ins feindliche Gebiet zu wagen, dann nur galoppierend und mit Turbo-Booster, wenn er meines Vaters Anwesenheit gewahr wurde.

Irgendwann bin ich dann aus dieser Wohnstätte weggezogen, und ich hoffe sehr, dass das Nachbars-Katzentier eines Tages sein Trauma überwinden wird.

§ 25 – Regelmäßige Notfallübungen

Um sich der stets geltenden Alarmbereitschaft des Bediensteten auch in Notfallsituationen zu versichern, hat die Katze regelmäßige Notfallübungen durchzuführen. Hierbei ist im speziellen § 23 – Beurteilung von Arbeitsbedingungen des Bediensteten *zu beachten.*

Kommentar:

Wer kennt das nicht? Man hat endlich die Motivation für die Hausarbeit gefunden, die sich wochenlang versteckt hatte, beziehungsweise man hat kein sauberes Geschirr mehr im Schrank und rafft sich endlich mal auf, den Geschirrspüler auszuräumen. Natürlich alles unter strengster Beobachtung der Katzentiere.

Es könnte ja immerhin passieren, dass ich anstatt das Geschirr in den Schrank zu räumen an die Leckerli-Dose gehe. Oder noch viel schlimmer, ich öffne die Futterschublade, ohne dass die beiden es mitbekommen würden.

Alternativ befinde ich mich ja auch in der Nähe der Spüle und des Wasserhahns, da könnte spontan Wasser zum Baden rauskommen. Und als dritter Anwesenheitsgrund bleibt immer noch die Geschirrspülmaschine, die sich schon länger im Haushalt befindet als die Katzen, die aber dennoch genau jetzt detailverliebt untersucht werden muss.

Nach mehreren gescheiterten Versuchen, in die Spülmaschine zu steigen, zeigt sich die Katze von Welt desinteressiert und wendet sich ab. Zunächst jedenfalls. Heißt, während ich weiterhin Geschirr und Gläser in die dafür vorgesehenen Schränke räume, die sich auch teilweise in Bodennähe befinden, ist Rollmops auf einmal verschwunden.

Ich denke mir nichts Besonderes dabei. Zwar geht er ganz oft immer nah am Dosenöffner, aber auch er wird mal müde. Während ich das Katzentier in seiner Schlafmulde am großen Katzenkratzbaum wähne, beende ich meine Haushaltstätigkeit, und da ich gerade einen Lauf habe, wird auch der Balkon gleich mal sommerfest gemacht.

Dazu muss ich mehrere Male durchs Haus und in den Keller. So gefühlte hundertmal. Realistisch gesehen war es vielleicht nur ein Zehntel dessen, aber das tut im Moment nichts zur Sache. Irgendwann ist auch der Balkon den sommerlichen Temperaturen angemessen eingerichtet und aufgeräumt, sodass ich jetzt mal wieder nach den zwei Schlafmützen schauen will.

Rasender Buddha ist schnell ausgemacht, mit etwa auf 1,50 m ausgefahrener Länge blockiert der mittig das gesamte Sofa und lässt sich erst mal ausgiebig und halb verschlafen betüddeln. Als ich aber nach Rollmops schauen will, liegt der nicht in der Schlafmulde. Ich suche alle Schlafplätze ab – nirgends ein Katzentier. So langsam bekomme ich kleine Schweißausbrüche. Nicht, weil es draußen 30° C sind, nein, weil die Fellnase weg ist!

Auch das Schütteln der Leckerli-Dose bringt nur den Rasenden Buddha im Dampflok-Schritt in die Küche. Auf Rufen kommt auch keine Antwort, geschweige denn, dass sich ein weiterer massiger Katzenkörper durch die Türe schiebt. Jetzt ist es bestätigt: Katzentier weg!

Zunächst rase ich quer durchs Haus und schaue den ganzen Keller durch. Das Chaos, welches ich dabei hinterlasse, wird mich später 3 Wochen meines Lebens kosten, um es wieder zu beseitigen, was mir aber in dem Moment reichlich egal ist, denn noch immer gibt es keine Spur von Rollmops.

Jetzt nerve ich auch den Hausnachbarn, das ist inzwischen übrigens zufällig mein Nicht-mehr-für-mich-verantwortlicher-Erziehungsberechtigter.

Mein Herr Vater macht dann etwas, was mir im Traum nicht eingefallen wäre: Er geht mit in meine Wohnung und fragt Rasender Buddha, wo sich denn bitte sein Bruder befindet. Ich weiß nicht, ob einer von uns wirklich eine Antwort erwartet hat, aber sehr zielsicher steuert Rasender Buddha die Küche an. Okay, das ist natürlich die einzige Antwort für den dicken Kater, die zählt, und die Katzenvariation der Zahl 42[74] noch dazu.

Nach wenigen Minuten, in denen ich von Panik zu Ärger und wieder zurück wechsele, reift die Erkenntnis, dass Rollmops wohl einmal mit aus der Türe rausgegangen sein muss, als ich im Keller war. Und da er auch nicht im Keller ist, ist er dann wohl durch dessen offene Tür rausmarschiert.

Und als ob das noch nicht reichen würde, vermeldet ein kleines Grollen in der Ferne ein aufziehendes Gewitter. Super! Das Katzentier, das schon einen Meter nach oben springt, wenn mir die Fernbedienung von der Couch fällt, ist jetzt da draußen und bekommt sehr wahrscheinlich einen Herzkasper, wenn der Sturm näher kommt.

Da bleibt mir nicht viel übrig als auch bei den Nachbarn zu klingeln und zu bitten, dass die mal in der Garage schauen, ob Rollmops sich da versteckt hat. Leider ist er auch nicht dort, aber wir vereinbaren, dass alle Augen und Ohren offen bleiben. Die Ohren deshalb, weil Pirat, der Nachbarskater, bekanntlich darauf besteht, sein Revier sehr lautstark zu verteidigen. Vor allem nachts, gerne zwischen zwei und drei Uhr morgens.

Da die Suche in näherer Umgebung erfolglos blieb, schnappe ich mir nunmehr die Leckerli-Dose und laufe den Block ab. Mit meinem Rufen und dem Rascheln mit der Dose bin ich an einem schwülen Sonntagnachmittag *das* Ereignis im Wohngebiet.

Eine Stunde später bin ich alle umliegenden Straßen abgelaufen, kenne nun jede Katze und jeden Hund

---

74 - 42 ist die Antwort auf eine der wichtigsten Fragen überhaupt, gestellt im Roman *Per Anhalter durch die Galaxis* von Douglas Adams (1979).

persönlich, aber von meinem Fellpopo gibt es immer noch weit und breit keine Spur. Sehr frustriert stehe ich nun vor Rasender Buddha und meinem Herrn Vater, die mich beide so anschauen, wie ich mich fühle. Wir alle drei stellen uns der bitteren Wahrheit, dass wir Rollmops wohl so schnell nicht mehr finden.

Ich vermute sogar schon, dass er vielleicht von anderen Dosenöffnern oder eben jenen Menschen, die welche werden wollen, einfach mitgenommen worden ist. Ich klammere mich aber an die letzte Hoffnung, dass der Rollmops vielleicht bei Tasso als Fundkatze gemeldet wurde.

Also hole ich den Ausweis mit der Chipnummer, schnappe mir das Telefon und setze mich an den Küchentisch – und höre plötzlich ein Kratzen. Aus dem Geschirrschrank! Aus genau jenem Schrank, den ich vor ungefähr 4 Stunden mit frisch gespültem Geschirr bestückt habe. Ohne Rücksicht auf Verluste reiße ich die Tür auf.

Und so, als wäre es das normalste der Welt, schiebt sich das vermisste Katergesicht in mein Blickfeld. Großer Zinnober und Geschrei, das arschige Katzentier ist wieder frei. Mir fällt ein ganzes Gebirgsmassiv vom Herzen, als das Vieh aus dem Schrank krabbelt, total verschlafen gähnt und uns drei missgestimmt anschaut. Immerhin musste Rollmops an der Tür kratzen, damit man ihn rauslässt.

Mir war das Ganze eine Lektion, beim nächsten Geschirrspülmaschinen-Ausräumen alle (!) Schränke zu kontrollieren, egal wie klein das Eckchen ist, in welches sich der Fellhintern eines Katzentiers reinquetschen könnte. Die große weiße Suppenschüssel ist zudem seitdem zugedeckt, und ich denke ernsthaft darüber nach, der Katze irgendwas auf den weißen Fellrücken zu malen, damit ich sie schneller wiederfinde.

Die Nachbarn wurden dann natürlich auch noch informiert, damit sie nicht die gesamte Nacht eine nicht mehr verschwundene Mieze hoffen zu finden.

Und der Abend ging dann überraschenderweise wirklich gut zu Ende, denn gemeinsam mit den Katzentieren wurde im TV verfolgt, wie die deutsche Mannschaft einmal mehr Fußballweltmeister wurde.

Abschnitt 9
Anwendung und Nutzung der Sozialen (gesellschaftlichen) Medien

§ 26 – Nutzung der sozialen Medien

Die Katze hat das Recht, ihrem Bediensteten jederzeit die Nutzung von sozialen Netzwerken durch Umherlaufen auf der Tastatur zu untersagen. Ansonsten hat der Bedienstete immer und überall Bilder von der Katze und Berichte über sie zu veröffentlichen.

Kommentar:

Ja, das Internet ... ist ja für uns alle so ein bisschen Neuland.

Okay, das war ein alter Kalauer für einige von uns. Was Neues liest man im Netz in Wahrheit selten. Insbesondere auf *Facebook*, auch wenn wir das schon hier und da in anderen Kommentierungen abgewickelt haben. Sorry für eventuelle Wiederholungen, doch gibt es manchmal dermaßen große Knallerbsen, dass ich zwischenzeitlich glaube, ein Meteor in Richtung Erde wie im Film[75] wäre für alle die beste Lösung.

In solchen Situationen kommt allerdings auch wieder eine meiner vielen anderen Persönlichkeiten hervor, die gerne wissenschaftlich berechnen möchte, ob die dauerhafte Nutzung der sozialen Medien bei einigen Menschen exponentiell dafür sorgt, dass die ihnen zu eigene Intelligenz abnimmt. Nach ein paar Minuten der fehlgeschlagenen Experimente wird mir dann regelmäßig klar, warum ich es nicht in den Mathematik-Leistungskurs geschafft habe, und eine weitere Persönlichkeit taucht auf.

Nämlich die, die gerne lieber Popcorn isst und doofe Kommentare bei *Facebook* studiert. Ich meine damit richtig dumme Kommentare, nicht solche, die vielleicht noch auf eine wundersame Art unterhaltsam wirken können.

75 - *Meteor* (1979) ist ein Science-Fiction-Film des Regisseurs Ronald Neame. Die Hauptrollen spielen Sean Connery, Karl Malden, Natalie Wood und Brian Keith.

Ich bin manchmal tatsächlich so Old School und habe an so etwas Spaß. Früher hat man das wohl »den Trollen[76] Zuschauen» genannt. Erschreckenderweise geht das stille Genießen jedoch immer nur eine Weile gut. Selbst wenn ich im Prinzip zu faul zum Tippen bin und meine Rechtschreibekorrektur mich eh immer wieder verkackeiern will, und obwohl ich doch nur zu genau weiß, worauf das Ganze am Ende hinausläuft: Ich kann es nicht lassen. Ich füttere die Trolle!

Neulich zum Beispiel. In einer *Facebook*-Gruppe für Katzentiere aller Rassen, mit und ohne Papiere – schließlich ist man heutzutage ja tolerant, weil es so »in« ist – zeigten viele Katzentier-Besitzer ihre Miezen.

Und bevor jetzt gleich wieder die alte Leier losgeht ... Ja, Rollmops und Rasender Buddha sind waschechte Briten oder abgekürzt BKH genannt. Die beiden sind jedoch die größten Aktivisten für »Brekkies statt Brexit« und finden Rassismus unter Katzentier-Bediensteten und deren Anhängern voll Kacke.

Zurück zu den *Facebook*-Bekloppten, zu ein paar sehr speziellen, um genau zu sein. Da hätten wir zum Beispiel unsere wundervolle Hobbyzüchterin Susy. Susy hatte bis dato eigentlich so überhaupt keinen doofen Eindruck gemacht. Die Gruppe wird seit einiger Zeit schon artig über den Verlauf des baldigen Kittenwurfs auf dem aktuellen Stand gehalten.

Jetzt sind die kleinen Plüschies auf der Welt, und es gibt etwa alle zwei Tage ein neues Bild. Gut, auf den ersten 10 Fotos sieht man außer geschlossenen Augen und Fell nicht

---

76 - Als Troll bezeichnet man im Netz-Jargon eine Person, die Kommunikation im Internet auf destruktive Weise laufend dadurch behindert, dass sie Beiträge verfasst, die sich auf Provokationen anderer Gesprächsteilnehmer beschränken und keinen konstruktiven, sachbezogenen Beitrag zur Diskussion enthalten.

viel, aber dann wachsen sie doch immer weiter. Außerdem ist der Niedlichkeitsfaktor der Fellaugen auf Level 9.000. Irgendwann fangen sie an zu laufen, halten ihre Bedienstete noch mehr auf Trab, und schließlich dürfen sie dann mal auch etwas Richtiges fressen. Also aus dem Napf, so richtig mit Nase rein, Schmatz und Rülps.

Der Küchenboden sieht dabei gleich wie bei meinen Katzentieren aus: Die Infanterie und die Panzerdivision haben gerade miteinander eine Feldübung veranstaltet. Auch das wird dann selbstverständlich mit Bildern festgehalten und gleich gepostet. So weit, so gut.

Dann, nach ein paar Tagen folgt wieder eine Dokumentation von der Raubtierfütterung. Man erkennt mehrere Futternäpfe und mehrere Katzentiere drumherum. An sich nicht schlimm, auf den ersten Blick. Da weiß so ziemlich jeder andere Katzentier-Bedienstete Bescheid. Auch ich kenne die Problematik der Fütterung.

Rollmops und Rasender Buddha machen da ja wie beschrieben auch gerne Theater und geben sogar erst so richtig Schub, wenn sie mehr Zuschauer haben. Als gnadenlosen Vorteil genieße ich den Luxus, nur einen Futternapf füllen zu müssen, zwar mit zwei Portionen, aber eben nur ein Gefäß. Die Herren Katzentiere fressen nicht aus getrennten Schüsseln. Einmal habe ich es versucht und es endete fast in einem Perpetuum mobile[77],daher gibt es nur einen Napf. Es soll schließlich jeder wissen, dass die beiden arme, verhungerte Katzentiere sind, die nie genug Fresschen und Liebe bekommen. Zur Bekräftigung wird da gern noch ein etwas lauterer Rülpser vom Stapel gelassen.

In dem angesprochenen Posting bei *Facebook* steht da naturgemäß mehr als ein Teller mit Katzentier-Futter und daneben viele Fellnasen, weil sie Kohldampf haben.

---

77 - Ein Perpetuum mobile (lat. ›sich ständig Bewegendes‹) nennt man ein hypothetisches Gerät, das einmal in Gang gesetzt ohne weitere Energiezufuhr ewig in Bewegung bleiben soll.

Dummerweise hat die *Facebook*-Katzenmuddi jedoch die Teller alle mitten auf dem Ceran-Kochfeld verteilt und nicht auf der großen freien Arbeitsplatte direkt nebendran. Kommentiert wird das Szenario mit: »Sie hatten so Hunger, und ich war nicht schnell genug, um die Teller auf den Boden zu stellen. Jetzt fressen sie halt direkt hier.« Natürlich mit ganz vielen Smileys versehen, weil es ja so lustig ist.

Die ersten zwei Duzend Likes kommen ganz schnell, und auch wird das Foto hier und da mit »Och, wie süß!«, »Oh, da hatten sie aber ganz schön Hunger« und noch mehr Smileys kommentiert. Erst dann kommt mal die vorsichtige Anmerkung, ob es denn so eine kluge Idee ist, die Tiere auf der Herdplatte zu füttern.

Ach, das ist ja nicht so schlimm, kommt es prompt zurück, die Herdplatten sind ja immer aus, wenn sie das Futter vorbereitet. Und Katzentiere lernen ja so schnell nichts Neues, da passiert nix.

Ah ja, na gut, dann ist ja alles paletti. Aber warum bleibt die Riesenfläche neben der Herdplatte ungenutzt? Immerhin heizt Holz sich jetzt nicht so sehr auf – vor allem im direkten Vergleich zu einem Ceran-Kochfeld. Auch wenn man dieses während der Fütterungszeiten nicht anhat. Die Frage wird so lange ignoriert, bis wieder genug Niedlichkeitsbekundungen geschrieben worden sind, sodass man gegebenenfalls scrollen müsste, um sich der unliebsamen Kritik zustellen.

Zwei Tage später – das Thema ist fast schon wieder zu alt für den gemeinen User, um sich zu erinnern – schreibt *Facebook*-Katzenmuddi, dass sie ihre Katzentier-Bande fast gar nicht mehr bändigen kann und die nun immer zum Fressen auf den Herd springen.

Ach, ehrlich? Ich dachte, Katzentiere, auch die kleinen Kitten, lernen nicht so schnell?

Jetzt wird es mir zu doof. Auf die direkte Nachfrage, ob es nicht einfacher wäre, die Katzentiere einfach zu verschenken, anstatt sie gleich umbringen zu wollen, kommt nur ein Fragezeichen. Na ja, es sind wohl in Wahrheit doch einige mehr, mit vielen EinsElf!!!!!!!!!!11111 111!!!!!!! dran und so.

Und nein, meine Tastatur ist im letzten Absatz nicht hängen geblieben. »EinsElf!!11!!!«-Variationen sind gerade durch die sozialen Medien eine richtige Unart geworden. Wer muss schon dauerhaft die Shift-Taste drücken, um Ausrufezeichen zu schreiben? Geht doch auch mit vielen Einsen und am besten noch ein paar Herzchen **<3 <3 <3** hinten dran.

Gerne wird von mir daraufhin zum Verständnis die Kernaussage nochmal erläutert. Ja, umbringen. Immerhin ist *Facebook*-Katzenmuddi gerade auf dem besten Weg, die Katzentiere darauf zu konditionieren, immer, wenn sie Hunger haben, auf den Herd zu springen. Und irgendwann wird mal eine Herdplatte nicht lange genug Zeit zum Abkühlen gehabt haben, dann ist die Wahrscheinlichkeit sehr groß, dass es gegrillte Katzenpfote gibt und sehr verbrannt riechen wird.

Aufgeregt wird sich daraufhin mehr über meine Taktlosigkeit, etwas so Schockierendes zu schreiben, als über die eigentliche Tatsache, dass das Katzentier draufgehen könnte, sollte es auf einer heißen Herdplatte landen.

Nachdem sich aber der kleine Shitstorm schlussendlich doch nicht so sehr aufbläht, findet sich tatsächlich ein weiterer Mitstreiter in der Angelegenheit. Der ist auch der Meinung, dass es sich doch um eine ziemlich blöde Idee handle, den Katzentieren so etwas beizubringen. Zumal die Züchterin ja die Kitten auch baldig in ein neues Zuhause geben möchte. Da wäre es mehr als nur ungünstig, wenn die das dann auch bei ihren neuen Bediensteten machen.

Und dann kommt aus dem Hintergrund auch noch einmal der zusätzliche Hinweis, dass sehr oft solche Verbrennungen zum schmerzhaften Tod des Katzentiers führen.

Facebook-Katzenmuddi ist erbost. Jetzt stellen wir uns aber so was von an und malen gleich den Teufel an die

Wand! Nur weil die Kitten jetzt ein paar Mal Futter auf dem Herd bekommen haben. Sonst lernen die doch auch nicht so schnell, sind ja schließlich Katzen- und keine Hundetiere.

Ja: Katzentiere sind schwerer zu trainieren, aber gerade mit Futter klappt das super und man kann sie durchaus konditionieren. Doch wie will man das jemand so Beratungsresistentem beibringen?

Nach einem weiteren Tag haben wir das Beinahe-Drama. Die Katzentiere springen ständig auf den Herd und wollen ihr Futter nicht mehr auf dem Boden fressen. Na, das wird ja jetzt eine ziemlich harte Arbeit, den Kitten das in den nächsten zwei Wochen noch auszutreiben. Dann sollen sie nämlich ausziehen. Ansonsten dauert es länger, bis wieder Geld in die Kasse kommt. Immerhin wechseln hier einige Hundert Euro den Katzentier-Bediensteten.

Nach einer Woche werden wir darüber informiert, dass wohl jetzt die Gruppe endlich auf dem Boden frisst und schon ganze zwei Tage nicht mehr auf den Herd gesprungen ist. Als angeraten wird, man solle den neuen Bediensteten dennoch über die Vorliebe zu Herdplatten informieren, wird mit Anwalt gedroht. Weil, ist doch Verleumdung, was hier gerade passiert.

Ne, ist es nicht. Sondern nur völlig egoistische Dummheit. Denn das alles wurde nicht nur in der geschlossenen Rassekatzen-Tiergruppe gepostet. Nein, es wurde zudem auf dem privaten *Facebook*-Profil rausgehauen, wo man auch noch mit fast allen neuen und baldigen Katzentier-Besitzern befreundet ist. Als auch auf dieser Seite kritische Fragen kommen, ist die Dame aus der Gruppe verschwunden und das Profil auch für Freunde nicht mehr einsehbar.

Wobei *Facebook* und Freunde bekanntlich ein sehr dehnbarer Begriff ist und wir alle wissen, dass das Internet sehr schlecht vergisst ...

§ 27 – Darstellung der Katze in sozialen Medien

Die Katzengemeinschaft hat dafür Sorge zu tragen, dass hörige Bedienstete ohne besonders starken eigenen Willen die sozialen Medien mit Informationen fluten, um anderen Bediensteten vorzugaukeln, sie würden über die Katzen mit autoritären Maßnahmen zu regieren wissen.

Kommentar:

Die Zeitungen, Magazine und vor allem die Werbung sind voll. Voll mit Katzentierbildern. Besonders kleine Katzentiere wirken scheinbar wie ein Aphrodisiakum, vornehmlich auf das weibliche Geschlecht. Mit den Fellnasen wird wirklich *alles* beworben, Flugreisen, Kalender und auch tatsächlich einige Katzentier-Dinge.

Jedoch ist es bewundernswert, welchen Hype sehr spezielle Vertreter ihrer Katzentier-Art um sich generieren und damit die Menschen beeindrucken können.

Innerhalb von nur wenigen Wochen wurde aus der an Kleinwüchsigkeit leidenden »Tardar Sauce« im September 2012 das Internet-Phänomen *Grumpy Cat*. Selten hatte man bis dahin eine so grummelig dreinschauende Katze gesehen. Es wurden tausende verschiedener Memes erstellt, geteilt und kommentiert, und innerhalb eines Jahres war aus dem mit Handicap behafteten Katzentier ein ziemlich reicher Internetstar geworden, der inzwischen sogar eine eigene Marke hat. Die *Facebook*-Seite konnte innerhalb weniger Monate mehr als sieben Millionen Likes sammeln, und es ist davon auszugehen, dass die Bedienstete ziemlich viel Geld mit dem Tier verdient hat. In diesem Fall dürfte allein dank der T-Shirt-Verkäufe mit dem Antlitz des Grummel-Katzentiers das Katzentier-Futter für den Rest des Lebens verdient worden sein.

Und wenn man dann erst mal bei Madame Tussauds als animatronische Figur verewigt wurde, hat man es definitiv geschafft – als Internet-Phänomen eines Katzentiers.

Zwar hat der Hype, wie es nicht anders zu erwarten war, inzwischen etwas abgenommen, doch ist Grumpy Cat nach wie vor in aller Munde und noch immer sehr erfolgreich im Geschäft.

Aber auch bei Webstars gibt es die grausamen Schattenseiten des Show-Business. Da gibt es, genauso wie bei menschlichen Stars, die Stalker, die unbedingt Grumpy Cat mal live sehen und anfassen wollen. Am besten dabei noch siebenundzwanzig Selfies mit dem Grumpy Katzentier machen.

Nicht jedes Katzentier mag es jedoch, wenn viele fremde Menschen zu ihm hinkommen und es antatschen. Den meisten Menschen, die ich kenne, würde das, wären sie in der gleichen Position wie das Katzentier, auch nicht gefallen.

Natürlich verursachte der ungehörige Umstand, dass Tardar Sauce ein Unwohlsein hatte, gleich mal das Gerücht, das Katzentier und ihre Bediensteten seien eingebildet, abgehoben und versnobt. Erst hat man das Katzentier berühmt gemacht, und jetzt auf einmal dürfe man es nicht einmal mehr anfassen. Dann wurde noch sehr wortreich bemängelt, dass das Ganze ja wohl nur Abzocke wäre, denn man geht ja mit dem Katzentier auch auf Sponsorentour, fast so wie die Sieger bei den *Tributen von Panem*.

Gut … über diese sogenannte Sponsorentour kann man durchaus geteilter Meinung sein. Ich persönlich halte davon nicht viel, da ich weiß, wie ungern Rollmops und Rasender Buddha reisen. Außerdem fühlen sich die beiden außerhalb ihres heimischen Habitats doch sehr unwohl. Aber es mag Katzentiere geben, denen eine Reise weitaus weniger ausmacht und gelinde gesagt am Fellpopo vorbeigeht. Pirat, das Nachbars-Katzentier, liebt es unter anderem, im Auto zu fahren. Wenn auch eher im Geheimen.

Für die zwei anderen ist das die Hölle. Da sind Katzentiere doch ihren Bediensteten sehr ähnlich und schlicht und einfach untereinander genauso verschieden.

Gehen wir mal davon aus, dass es dem Grumpy Katzentier nicht sonderlich viel ausmacht, zwei- oder dreimal im Jahr zu verreisen, solange die gewohnten Bediensteten in der Nähe sind und keine fremden, merkwürdigen, nach Berührungen und Selfies gierenden egoistischen Pseudo-Bediensteten, die sich nur selbst leidtun, da sie nicht so ein außergewöhnlich ausdrucksstarkes Katzentier haben.

Warum ich diese Menschen so wenig mag? Es liegt vielleicht an dem Umstand, dass viele davon selbst ihre Katzentiere jedes Wochenende auf eine andere Katzenausstellung schleppen. Dafür die Mieze stundenlang in der Transportbox durch die Botanik schaukeln, nur um sich von anderen ähnlichen Hardlinern weihräucherhaft versichern zu lassen, dass ihr Katzentier ja wirklich ein schönes Fell hat. Die geben einen Scheiß drauf, wie sehr die Viecher leiden. Hinweise darauf, dass das Tier nicht unbedingt glücklich scheint, werden mit der Bemerkung abgetan, dass dieses immer so aussieht, wenn es entspannt ist.

Gut, ich sehe bei Entspanntheit eher nicht aus, als möchte ich jemanden verhauen, aber der preisgeile Katzentier-Besitzer hat schließlich das Fell mindestens fünfzehn Minuten gebürstet, daher muss das so sein.

Nicht jeder Aussteller macht das so, nicht jeder handelt unverantwortlich und/oder egoistisch, aber die Vernünftigen sind auch selten diejenigen, die andere an den Pranger stellen.

Wer jedoch des Öfteren gerne mal an den Pranger stellt, und zwar die Katzentiere auf humoristisch-sarkastische Art, ist Simon. Simon lebt auf einer Insel, die bald nicht mehr zur Europäischen Union gehören wird, und dieser Simon hat eine Katze … der Einfachheit halber Simon‘s Cat genannt. Na ja, eigentlich hat er mittlerweile mehrere, aber alles fing mit einer Katze, einem schlafenden Bediensteten und einem Baseballschläger an.

Gott sei Dank ist Simon ein ziemlich guter Zeichner und ein Animationstalent. Als er im Jahr 2008 einen kleinen Videoclip bei *YouTube* einstellte, war das eher ein Zeitvertreib gewesen, das Filmchen zu malen. Doch schon der erste Clip schoss klicktechnisch durch die Decke, und mittlerweile sind zu diesem Clip 53[78] weitere hinzugekommen, die insgesamt mehr als 750 Millionen Mal aufgerufen wurden.

Dazu gesellen sich unter anderem im Moment sechs Bücher, diverse Kalender, Kissen und viel anderes Merchandise. Und Simon zeichnet jeden Tag einen Daily strip für die englische Tageszeitung *Daily Mirror*.

Man kann also durchaus behaupten, dass Simon dank seines Katzentiers Hugh, das meistens den Paten für *Simon's Cat* macht, ziemlich gut im Geschäft ist. Gut, dass er vielleicht auch noch ein wenig Talent fürs Zeichnen mitbringt, wurde ja bereits erwähnt, und das ist für das (All-)gemeine Katzentier in der Priorisierung ohnehin sehr weit unten angesiedelt. Ohne seine Anstellung als Bediensteter wären ihm all diese Szenarien ja sicherlich nicht eingefallen.

Wer würde so was auch glauben? Wir Katzentier-Bediensteten verstehen es natürlich, warum das Ganze so witzig ist. Sei es der Baseballschläger am Ende des ersten Videos oder auch das elendig oft vorkommende Öffnen der Türe, wenn das Katzentier rein oder raus möchte. So ungefähr 289.475-mal in 10 Minuten. Und wer noch nie live und in Farbe erlebt hat, welch teuflische Freude es den Katzentieren macht, das Katzenstreu aus der Katzentoilette zu katapultieren, wenn man gerade erst gesaugt hat, dem bleibt verschlossen, wie sich andere Menschen genau darüber amüsieren können.

78 - Anzahl der Videos laut dem *Simon's Cat-YouTube*-Kanal zum Zeitpunkt Oktober 2016

Für diejenigen, die erst sehr frisch Katzentier-Bedienstete sind und die noch kein gemeinsames Weihnachtsfest mit ihren Katzentieren hatten: Wenn Sie tatsächlich planen, eine Nordmanntanne aufzustellen, dann kann ich Ihnen nur die Clipreihe *Festive Videos* auf *YouTube* ans Herz legen. Sollte danach immer noch in Erwägung gezogen werden, einen Weihnachtsbaum zu kaufen und diesen auch noch hübsch zu dekorieren ... Selbst schuld, es gab eine ausdrückliche Warnung.

Rasender Buddha und Rollmops zeigten sich übrigens ebenso wenig von den Nadeln eines Baumes beeindruckt, zu sehr reizen da die Kugeln. Auch das Jagen des gerade frisch vom Baum gepflückten Weihnachtsschmucks, ungeachtet dessen, dass es sich hierbei um meine geliebte *Star Wars*-Weihnachtsbaumdekoration handelte, erfreute sich eine Saison lang sehr großer Beliebtheit. Jedoch kostete die Neugestaltung der Wohnfläche nach dem Kreislaufzusammenbruch des Baums die gesamten verbleibenden Weihnachtstage und ist so was nur empfehlenswert, wenn man sonst keine anderen Pläne hat.

Eingeplant werden sollte bei solchen Planungen auch immer noch die psychologische Betreuung, die nach so einem Zwischenfall für die Katzentiere aufgewendet werden muss. Der Bedienstete muss immer sehr klar verdeutlichen, dass es niemals nicht die Schuld des Katzentiers war! Um dies zu erreichen, sind wohl eine bis 23.576 Streicheleinheiten notwendig, damit kein Gefauche ausbricht, sollte ein Gegenstand nach Tanne riechen, sollte etwas nur ansatzweise wie Lametta aussehen oder sollen die Katzentiere nicht fluchtartig den Raum verlassen, sobald weihnachtliche Lieder erschallen.

Erstaunlich war jedoch, dass keins der Katzentiere von diesem Tag ein *Star Wars*-Trauma davongetragen hat sondern beide weiterhin liebend gerne die Filme schauen.

Rasender Buddha liebt seinen *Millennium Falken*[79] einfach. Und Rollmops ist und bleibt der größte Fan von R2-D2[80], wenn ich das ständige Miauen richtig deute, sobald der kleine Android auf der Mattscheibe piept.

Vielleicht sollte ich den beiden für die nächste *Star Wars*-Kinopremiere Kostüme nähen, und wir gehen dann zu dritt den Film anschauen. Und werden dann auch berühmt.

Abwarten und ein Leckerchen speisen.

---

79 - Der *Millennium Falke* ist eines der bekanntesten Raumschiffe der *Star Wars*-Filmreihe. Er wird öfters auch als *Rasender Falke* bezeichnet.

80 - R2-D2, ein weiterer Charakter aus dem *Star Wars*-Universum, gehört wohl zu den beliebtesten Robotern der Filmgeschichte.

§ 28 – Darstellung des Bediensteten in der Öffentlichkeit

Der Bedienstete soll in den Medien generell immer als skurril und befremdlich präsentiert werden. Dadurch ergeben sich eine sogenannte Randgruppenerscheinung und die daraus resultierende soziale Einschränkung der persönlichen Entfaltung. Dieser Umstand ist von der Katze eigennützig ausnutzen.

Kommentar:

Menschen, die keine Katzentiere haben, erscheinen wir Bedienstete, um es höflich auszudrücken, manchmal auf wundersame Weise kurios oder auch gerne mal merkwürdig. Für Bedienstete, die den Job noch nicht lange haben, gilt das teilweise auch. Je nachdem, wie die Katzentierlosen zu einem persönlich stehen, wird man da gerne liebevoll mit der verrückten Katzenlady[81] aus *Die Simpsons*[82] verglichen. Oder auch als eine Art Katzentier-Flüsterer gesehen, gerne kombiniert mit der inneren Ausgeglichenheit eines hinduistischen Gurus. Das liegt aber auch sicher an den vielen Katzentier-Haaren auf der Kleidung, das ist ja so was von New Age. Und – hatte ich fast vergessen: Als Katzentier-Bedienstete hat man auch diesen ursprünglichen etwas

---

81 - Die Katzenlady heißt eigentlich Eleanor Abernathy und ist ein Charakter aus der US-amerikanischen Zeichentrickserie *Die Simpsons*. Unter dem Einfluss von Alkohol verwandelt sie sich langsam immer mehr in eine verwirrte Frau, die mit Katzen um sich wirft und unverständliches Zeug brabbelt.

82 - *Die Simpsons* (seit 1989) wurde von Matt Groening ursprünglich für die *Tracey Ullman Show entworfen*, um sein Print-Werk *Life in Hell* als sein geistiges Eigentum zu schützen. Die Serie kann stolze vier Einträge im *Guinness-Buch der Rekorde* aufweisen, unter anderem einen für die meisten »Emmy-Awards« und einen für die am längsten laufende Sitcom. Außerdem wurden die Simpsons mit einen Stern auf dem berühmten Walk of Fame geehrt.

wilden Charme der Protagonisten von *Daktari*[83] oder von Steve Irwin[84].

Ich für mein Teil finde mich in all diesen Charakteren wieder. Meistens kommt auch noch eine Spur Beastmaster[85] und Buffy[86] dazu, wenn die Katzentiere gerade mal wieder versuchen, den Kratzbaum abzureißen.

Entscheidend für die Bewertung ist aber dann am Ende doch das Gutdünken des unbelasteten Katzentier-Gegenübers.

Wer sind diese Gegenüber-Typen? Nun es gibt zunächst zwei klar getrennte Hauptgruppen: Nicht-Katzentier-Bediensteter oder Katzentier-Bediensteter. Bei Letzterem ist besonderes Augenmerk auf Neu-Katzentier-Bedienstete zu legen. Diese sind noch so herrlich enthusiastisch und chaotisch, wenn es um ihre Dienerschaft bei ihrem Katzentier geht.

Und diese Menschen, die gerade erst in den Dienst des Katzentiers getreten sind, finden mit unglaublich genauer Zielsicherheit innerhalb von Minuten heraus, welche der 100 anderen Menschen in einem Raum das gleiche Schicksal teilt.

Zunächst gehen sie äußerst taktisch vor und erkundigen sich bei offenkundig Nicht-Katzentier-Bediensteten, ob ihre Vermutung richtig wäre. Hat sich der Verdacht erhärtet oder gar gleich bestätigt, nähern sie sich sehr unauffällig,

---

83 - *Daktari* (übrigens der Begriff in Swahili für »Arzt«) ist eine US-amerikanische Fernsehserie, die von 1966 bis 1969 vom amerikanischen Tierfilmer Ivan Tors produziert wurde.

84 - Steve Irwin (1962-2006) war ein australischer Dokumentarfilmer, außerdem ein Abenteurer und Zoodirektor. Durch seine Serie, die nach seinem Spitzname benannt wurde, nämlich *The Crocodile Hunter*, erlangte er weltweite Bekanntheit.

85 - *Beastmaster – Herr der Wildnis* (1999-2002) ist der Name einer australisch-kanadischen Fantasy-Serie. Diese dreht sich um die Abenteuer des Beastmasters. Sie basiert auf der *Beastmaster*-Filmtrilogie.

86 - *Buffy – Im Bann der Dämonen* (1997-2003) ist eine US-amerikanische Fernsehserie nach einer Idee von Joss Whedon. Es geht darin um die mit mystischen Kräften ausgestattete Vampirjägerin Buffy, die gemeinsam mit ihren Freunden gegen dunkle Mächte, besonders gegen Vampire und Dämonen kämpft, und gegen die Probleme des Erwachsenwerdens.

beobachten den Bediensteten mit der größeren Anzahl an Dienstjahren, bis sie sich dann schließlich überwinden und ihr anzusprechen beginnen.

Das hat dann was von einer Unterhaltung mit Schlemihl aus der *Sesamstraße*:

»He, Du!«

»Wer, ich?«

»Psssst!«

(leiser) »Wer, ich?«

»Genaaaaau …«

Bei dieser vorsichtigen ersten Annäherung wird bereits die Kleidung sehr genau unter die Lupe genommen, denn Katzentier-Besitzer haben ihre Mieze ja immer dabei. Siehe hierzu *Abschnitt 6, §§17-19*. Sind mehr als drei Haare pro Quadratzentimeter auf der Kleidung zu entdecken, beginnt der Katzentier-Newbie das Gespräch mit der mehr oder minder rhetorischen Frage, welche Fusselrolle man nutzt und ob man diese immer bei sich führen sollte. Quasi das Äquivalent zu »Was für ein schlechtes Wetter heute!« bei Nicht-Katzentier-Besitzern.

Jeder Bedienstete, der hochrangiger in Sachen Dienstjahren ist, wird an dieser Stelle nur mit den Schultern zucken und emotionslos seine priorisierte Fusselrollen-Marke nennen. Danach kommt die für den Newbie resignierende Erkenntnis, dass der alternde Diener wohl nur manchmal die Fusselrolle mit dabeihat, weil er ein »Kommt ganz auf die Situation an« vor sich hinmurmelt. Nicht gerade die Antwort, die man sich als Anfänger erhofft hat, aber das Beste, was man als Antwort erwarten sollte. Ein Pauschalrezept gibt es nicht.

Weder bei der Fusselrolle noch bei anderen Angelegenheiten das Katzentier betreffend. Alle Ratschläge können nur als solche betrachtet werden und stellen bestenfalls vage Richtlinien dar. So ähnlich wie die Sache mit dem Parley[87].

87 - Parley wird der Piratenkodex aus dem Piraten/Fantasy-Franchise *Fluch der Karibik* (seit 2003) genannt.

Ist dieser erste Schock ansatzweise verdaut – wir reden hier bewusst nicht davon, dass die Erwiderung »verstanden« wurde – geht das große Ausfragen weiter.

Ob sich der neue WG-Bewohner denn auch normal verhält, ob eine weitere Katzentoilette angeschafft werden soll oder welche Sisal-Seilstärke wohl die beste sei, wo man am besten einen Kratzbaum kauft oder ob man ihn vielleicht gleich am besten selber bauen soll ... In diesem Zusammenhang verweise ich gerne auf *§ 30 – Individuelle Zusammenstellung und kollektiver Austausch*.

Kritisch werden von älteren Bediensteten immer Fragen gesehen, die sich um das Thema Fütterung und vor allem Fütterungszeiten drehen. Katzentiere sind wie ihre Bediensteten Gewohnheitstiere. Das heißt aber nicht, dass sie sterben (auch wenn sie so tun), wenn das Fressen einmal nicht auf die Sekunde genau im Napf vor dem Schnäuzchen steht.

Man stelle sich nur mal eine Maus vor, die in der freien Natur mit Atomuhr-Genauigkeit dem Katzentier vor die Nase springt, um gefressen zu werden. Was wäre das für ein Aufwand, alle Nager und gegebenenfalls kleine Vögel mit Uhren und Zeitplänen auszustatten!

Also: ganz entspannt sehen. Im Regelfall sind die Katzentiere gut genährt und erleiden nicht einen grausamen Hungertod, wenn es mal ein oder zwei Stunden später das Dinner gibt.

Hinzuzufügen ist aber, dass dieser Umstand dem Katzentier nicht wirklich klar ist. Oder besser gesagt: gerne von ihm ignoriert wird. Das Katzentier beginnt nämlich im Regelfall schon ein bis zwei Stunden vor dem üblichen Termin mit unruhigem Hin- und Herlaufen, einem vereinzelten klagenden Miau oder dem frustrierten Gang in die Küche, nur um festzustellen, dass der Napf immer noch leer ist. Jedem Neu-Katzenbediensteten kann nur dringend davon abgeraten werden, sich auf dieses Spiel einzulassen. Denn in Windeseile hat sonst das Katzentier, was es wollte.

Einen vollen Futternapf, und das auch noch zwei Stunden früher als üblich. Diese Taktik wird von Katzentieren besonders gerne an Feiertagen, Wochenenden und in Erholungsurlauben der Bediensteten durchgeführt, sollten sich diese dann im Zuhause des Katzentiers aufhalten und somit dem Angriff schutzlos ausgeliefert sein.

Gibt man als Altmeister auch noch das angeeignete Wissen weiter, dass man dem Katzentier im Fall des Verschmähens des Futters nicht ein zusätzliches anderes Katzentier-Dinner kredenzen sollte, erntet man durchaus verstörende Blicke.

Nein, natürlich lässt man das Katzentier nicht verhungern. Aber es wirkt sich auf Dauer sehr unattraktiv auf Mülltonne und Geldbeutel aus, wenn man mehrere Anläufe pro Mahlzeit benötigt, bis es dem Katzentier mundet. Sind es Freigänger, besteht für diese durchaus die Möglichkeit, sich etwas auf dem Weg zu besorgen, das sie bevorzugen. Sind es Wohnungskatzentiere, gibt es auch hier einen Drive-in-Schalter, der Tag und Nacht Trockenfutter und ein frisches Schälchen Wasser bereithält. Daher wird keines der Katzentiere zu Tode kommen, wenn das Nassfutter mal nicht schmeckt. Und im Regelfall schmeckt das gleiche Fresschen mit der gleichen Sorte am nächsten Tag wieder richtig gut. Also, dem Katzentier, nicht dem Neu-Bediensteten – nur um eventuellen Missverständnissen vorzubeugen.

Sind dann einige Stunden später auch die anderen sehr wichtigen Themen wie Fellpflege, rassetypisches Verhalten – »Deine Katzen *duschen*?!« – und Okkupation von Sofa, Sessel und Bett erörtert, hat man einen sehr nachdenklichen Neu-Bediensteten vor sich. Es geht diesem dann genauso wie dem erfahreneren Bediensteten damals. Erst jetzt wird einem die Tragweite klar. Was es bedeutet, den Dienst am Katzentier korrekt zu verrichten. Es ist harte Arbeit, man muss immer mit dem Unerwarteten rechnen und dabei noch stets freundlich, zuvorkommend und geduldig sein.

Oberster Leitsatz: Egal, was schiefgeht, es war immer die Schuld des Bediensteten, nie des Katzentiers!

Und ganz wichtig: Man muss eins mit dem Gedanken werden, dass jetzt nichts mehr so ist, wie es mal war. Man ist nun Teil des Katzen-Universums und gehört damit zu einer Gruppe von Menschen, die nur zu gerne von anderen Menschen belächelt, lachhaft karikiert und sogar von den Katzentieren selbst gerne zur Minna abgestempelt wird. Aber das ist letztlich egal, denn immerhin hat man es geschafft, sich mit einem der launischsten und versnobtesten Wesen überhaupt zu arrangieren. Das kann nicht jeder!

Abschnitt 10
Weitere Befugnisse, Schlussvorschriften, Verschiedenes

§ 29 – Nebenbeschäftigungen des Bediensteten

Die Katze hat sich in jede Angelegenheit und Handlung ihres Bediensteten einzumischen. Besonders gilt dies, sollte sich der Bedienstete mit Kleinteilen, großen Planen aus Papier oder Stoffgewebe und/oder Fäden, Seilen und Garnen beschäftigen.

Kommentar:

Katzentiere sind zu den unpassendsten Gelegenheiten erschreckend neugierig. Wollen alles abschnüffeln, mit den Samtpfoten durch die Gegend schieben und die physikalischen Gesetzmäßigkeiten der Schwerkraft mit genau diesen Gegenständen testen. Alternativ legen sie sich einfach drauf, sodass man den Krempel erst gar nicht mehr findet. Manche Katzentiere, wie die meinen sehr plüschigen Vertreter, haben es da einfacher als andere, aber jeder Bedienstete hat bestimmt schon mal eine Fernbedienung oder ein Mobiltelefon unter dem Katzentier hervorgezogen, oder?

Mittlerweile habe ich vor der immer wieder erfolgenden Wäschekorb-Besetzung resigniert. Auch bei der Okkupation des Wäschesammlers entspanne ich, wenn mich anstatt meiner zu waschenden Wäsche nur die bernsteinfarbenen Augen von Rollmops anschauen, obwohl der Sammler mit Deckel verschlossen war. Ich sage nur, Subraumspalte oder Riss im Raum-Zeit-Kontinuum. Nur damit hier kein falscher Eindruck entsteht: Die Wäsche ist immer noch da, nur eben unter dem Katzentier begraben, das sich in diesen Momenten auf volle Lebensgröße ausfährt und es mir somit fast unmöglich macht, ihn und die Wäsche aus dem Sammler zu bekommen.

Und das ist nur der Anfang …

Als Crafter[88] arbeite ich in meiner Freizeit gerne mit Perlen, Fäden und mit Pinseln und Farben, also mit allem, was Katzentieren Spaß macht und uns als Bediensteten nicht – wenn die Katzentiere sich daran austoben.

Da hätten wir zunächst mal die Sache mit Pinsel und Farbe von *Malen nach Zahlen* … Ja, genau das, was man schon als Kind gemacht hat. Man malt vorgedruckte durchnummerierte Felder aus. Wer jetzt lacht, hat mich noch nie etwas mit freier Hand malen lassen. Wer es schon mal probiert hat, ist dankbar für *Malen nach Zahlen*. Alles andere sieht nämlich wie ein verrecktes Strichmännchen aus – vor dem Galgen wohlgemerkt.

Meine Katzentiere sind übrigens auch sehr dankbar. Nicht dass sie gerne im eigentlichen Sinne malen, aber sie lieben die Pinsel. Egal, ob ich gerade damit male, der Pinsel im Wasserglas steht oder zum Trocknen auf einem Stück Küchenpapier liegt. Freudig wird das Holzende ins Schnäuzchen genommen und erst mal versucht, dass Teil auseinander zu beißen. Bis jetzt ist es immer bei Versuchen geblieben. Dann wird der Pinsel schnell von mir weg und außer Reichweite getragen, da er so noch viel schöner über den Boden rollt. Eine unerklärliche Wendung in den Weiten des Raum-Zeit-Kontinuums ist, dass das Teil am Ende noch einigermaßen benutzbar wieder zu mir hin rollt.

Während die Katzentiere sich in solchen Momenten erst mal sammeln müssen und nicht verstehen können, warum ich den Gegenstand auf einmal wieder in der Hand habe, versuche ich »schnell«, ein paar weitere Felder auszumalen. Spätestens nach dem dritten steht dann Rollmops neben mir, eine Pfote auf mir drauf, eine auf dem Bild, und versucht sich an der Rückeroberung des besonderen

88 - Crafter ist abgeleitet vom Begriff Craft (engl. für Kunsthandwerk, Handwerk oder Gewerk). Crafter sind Personen, die sich mehreren unterschiedlichen kunsthandwerklichen Tätigkeiten widmen. Es ist keine offizielle Berufsbezeichnung. Leider.

Kleinods. Diesmal gebe ich aber nicht nach. Daraus ergibt sich, dass einige der Felder nun eine ganz andere Farbe als geplant beziehungsweise eine nicht ganz so genaue Form wie vorgegeben haben.

Wer jetzt denkt, das Bild ist im Arsch, hat noch nie *Malen nach Zahlen* mit Katzentieren ausprobiert. Nun kommt nämlich die farbige Todespfote. Bei dem Versuch, den Pinsel zu erhaschen, hat Rollmops leider ein noch nicht ganz trockenes Feld erwischt, dummerweise auch noch eines mit einer sehr dominanten Ockerfarbe. Und das Feld, das er danach getroffen hat, war blümchengelb und veilchenflieder. Nun sieht es dank des dicken Katzenviehs so aus, als hätte jemand die Blumen angeschissen.

Na gut, ist eben eine Neuinterpretation und gibt dem Werk *die* persönliche Note. Es läuft also, und Bild hängt inzwischen im Flur. Jeder, der fragt, was der Fleck da soll, bekommt erklärt, dass es ein unbezahlbar wertvolles Bild ist, gemalt von Rollmops. Ist fast schon so wie mit den Klamotten – ohne Katzentierhaar fehlt einfach etwas.

Was allerdings tatsächlich eine echte Beanspruchung der Nerven des Bediensteten darstellt, ist das allseits ***Ironie an*** beliebte ***Ironie aus*** Bettenbeziehen. Nicht, dass es nicht schon ohne die zwei Katzentiere schwierig genug wäre, Laken und Bezüge vom Bett runter und neue draufzubekommen (vor allem drauf!). Mit Miezen-Beteiligung ist das so was wie ein Mega-Extra-Extended-Bonus-Level eines Jump ‚n‘ Run-Games. Nur ohne Extrapunkte – entweder man gewinnt oder man verliert. Ich verliere meistens.

Ganz selten sind die Katzentiere entweder so fest am Pennen, dass sie es gar nicht mitbekommen, oder ich habe wirklich mal Glück, und sie haben so überhaupt keinen Bock, mich auf die Probe zu stellen. Das passiert aber eben nur manchmal. Im Regelfall läuft es so ab, dass bereits

Rollmops vor dem Schrank mit den Bettbezügen wartet, wenn ich anfange. Es macht fast den Eindruck, dass er es schon vor mir gewusst hat, dass ich genau jetzt die Bettwäsche wechseln will.

Die frische Bettwäsche liegt für die Katzentiere unerreichbar sehr weit oben in einem Drahtkorb. Dieser kleine Fauxpas hält aber Rollmops nicht davon ab, in die Aufbewahrungsbox zu klettern. Und dann in der Mitte hängenzubleiben, weil sein Kopf doch etwas kleiner als der restliche Katzentier-Körper geraten ist. Also wird die Bettwäsche erst mal zwischengelagert und Rollmops, der auf einmal immer länger wird, bis er fast auf 150 cm ausgefahren ist, aus der Box gefischt. Unter extrem lautem protestierendem Miauen selbstverständlich, denn er sieht nicht ein, warum er da nicht reinpassen sollte.

Niemand hat jemals behauptet, dass Katzentier-Meinungen und Physik miteinander einhergehen, daher ist jede sachliche Diskussion mit dem Fellpopo zum Scheitern verurteilt. Ist halt wieder diese mysteriöse Karton-Sache.

Gut, also Katzentier befreit, wieder zurück zur Bettwäsche, die mittlerweile nochmal vom Rasenden Buddha ausgiebig gebügelt wurde. Um genau zu sein von seinem Hintern. Der wird dann sehr sanft und freundlich aber bestimmt runtergeschoben, und die gerade im Weg liegende Spielzeugmaus gibt mir genug Zeit, die Türe zu schließen, um wenigstens die nächsten paar Minuten schnell die haushaltlichen Pflichten zu erfüllen. Die Katzentiere galoppieren der weggeworfenen Maus nach, ich höre, wie sie das Vieh ins Wohnzimmer kicken. Merkt man daran, wie die Krallen übers Laminat schlittern. Links- und Rechtskurve hören sich unterschiedlich an! Dann spielen sie damit. Für genau 30 Sekunden, dann folgt eine unheimliche Stille. Wahnwitzigerweise ist es mir wirklich in diesen 30 Sekunden geglückt, die alte Bettwäsche abzuziehen und auf einen Haufen zu werfen.

Doch diese trügerische Stille verwirrt, also werfe ich lieber mal einen Blick nach draußen. Da sitzen die beiden Katzentiere, als könnten sie kein Wässerchen trüben im Flur, die erlegte Spielzugmaus vor ihren Pfoten und schauen mich an. Aber sie haben im Gegensatz zu den Zylonen, die über 4 Staffeln hinweg nicht wirklich einen hatten, einen Plan. Rasender Buddha schleudert elegant mit einem linken Haken die Maus in meine Richtung, während Rollmops mit Anlauf durch den schmalen Türschlitz prescht und in die alte Bettwäsche springt.

Durch dieses Manöver aus der Fassung gebracht mache ich die Tür noch etwas weiter auf, sodass auch Rasender Buddha ganz gemächlich reintrabt und sich auf das noch zu beziehende Bett wirft. Es ist wirklich verwunderlich, dass Katzentiere sich so groß machen können.

Rollmops hat sich mittlerweile in das alte Laken eingewickelt und gibt eine großartige Neuinterpretation der Mumie[89]. Damit ist er eine Zeitlang beschäftigt, sodass ich mich nur auf eine Front konzentrieren muss. Rasender Buddha scheint es egal, dass ich an der Matratze zerre, um das neue Spannbetttuch aufzuziehen. Auch dass ich ihn fast mit überziehe, scheint ihn nicht aus der Ruhe zu bringen. Nach viel gutem Zureden und auch mal Drohen lässt er sich schließlich erweichen, seinen Prachtkörper einen Meter weiter auf der anderen Hälfte des Betts zu platzieren. Nun kann ich unter seinen wachsamen Augen endlich meiner Arbeit nachgehen.

Tatsächlich gelingen mir die weiteren Schritte wie im Flug, und innerhalb von ein paar Minuten ist der Drops gelutscht.

Als ich dann die alte Bettwäsche in den Keller Richtung Waschmaschine tragen will, fällt mir auf, dass Rollmops verschwunden ist. Ziemlich seltsam, da er bekanntlich

89 - Die Mumie ist der Protagonist in mehreren Horrorfilmen, darunter auch einigen Klassikern.

treuer als ein Hundetier ist, was seine Bedienstete angeht. Vielleicht ist er ja gerade kacken. Bevor er mich eingast, bringe ich lieber erst mal die Wäsche weg.

Wieder ein paar Minuten später – ich habe mir erlaubt, eine Tasse mit Kaffee zu befüllen – mache ich mir schon ein wenig Gedanken, dass es weit und breit keine Spur von Rollmops gibt. Zur Selbstberuhigung schaue ich lieber mal in allen Schränken nach, die ich heute offen hatte. Warum Schränke ein hohes Sicherheitsrisiko darstellen, wurde ja ausführlich in der Kommentierung zu *§ 25 – Regelmäßige Notfallübungen* erwähnt. Kein Katzentier da. Auch die sanitären Anlagen sind leer.

Jetzt wird es wirklich spannend, und mir bleibt keine andere Wahl, als die Leckerchen-Dose zu Hilfe zu nehmen. Drei Nanosekunden später steht Rasender Buddha vor mir, alleine. Rollmops ist weit und breit nicht zu sehen.

Dafür höre ich, wie jemand versucht, Betten aufzuschütteln. Wenn es nicht gerade mein Hausgeist Hugo ist, der auch mal gern Betten machen will, kann es eigentlich nur das verschollene Katzentier sein. Nun bin ich diejenige, die innerhalb von 3 Nanosekunden wieder im Schlafzimmer steht. Dort sehe ich, wie eine sehr plüschige Katzenpfote aus dem Bettbezug nach vorne schellt und dann sofort wieder verschwindet, bevor ein paar Zentimeter Schnurrhaare auftauchen.

Ich habe keine Ahnung, wie Rollmops es geschafft hat, doch es ist ihm gelungen, sich während des Bezug Überziehens genau zwischen Decke und Bezug zu schmuggeln, und er hat sich einpacken lassen. Da mein Deckbett sehr fluffig ist, fällt es nicht unbedingt auf, wenn sich Rollmops darunter einnistet. Besonders, wenn er sich für ein paar Momente nicht bewegt.

Nach dem ersten Schockmoment fasse ich mir schließlich ein Herz und lasse den armen Kerl aus dem Deckbett. Er sieht ein bisschen zerzaust aus und ist dezent elektrisch geladen, wie wir beide bei der freudigen Begrüßung merken. Ja, auch so ein Katzentier kann genug Elektrizität aufbauen, dass man einen Schlag bekommt, der bis in die langen Haarspitzen geht. Ansonsten haben er und ich alles gut überstanden. Katzentier und Bettbezug samt Inhalt sind (fast) heile, und geschmollt wird auch nicht. Dafür wird gleich mal ausprobiert, ob man auch auf der Decke liegen kann.

Das ganz Tolle an der Geschichte ist noch, dass man zuschauen darf, wie die Bedienstete dann anfängt, Nähgarn auszupacken, denn leider sind der Aktion zwei Knöpfe zum Opfer gefallen. Zugegeben, ein kleiner Preis im Vergleich zum Seelenheil des Katzentiers, aber festgenäht werden müssen die Knöpfe trotzdem wieder.

Rasender Buddha und liegender Rollmops schielen jedenfalls schon voll diebischer Freude und Erwartung in Richtung Nähgarn. Das kann man schließlich so supertoll über den Boden rollen.

Auch sehr beliebt bei Rasender Buddha und Rollmops ist beim Thema Handwerken übrigens die Darniederlegung ihrer Astralleiber auf Schnittmusterbögen, die man gerade vorsichtig auf dem Tisch oder dem Fußboden ausgebreitet hat. Das Papier knistert, es ist dünn und man kann es super als Schlitten benutzen. Was will man mehr? Nun jedoch einen weiteren Bogen auf das Schnittmuster zulegen, um den Schnitt abzupausen, grenzt an ein Ding der Unmöglichkeit.

Ist das dann geschafft, geht’s erst richtig rund. Ein Katzentier hat es aus welchen Gründen auch immer geschafft, sich unter das Kopierpapier zu robben. Das zweite Katzentier sitzt darauf. Etwa zehn Sekunden später habe ich viel Füllmaterial und kein Kopierpapier mehr.

So viel zum Abpausen.

Um wenigstens Knöpfe annähen zu können, ohne wie in genanntem Fall erst das Bettzeug quer durch die Wohnung schleppen zu müssen, habe ich damals übrigens zwei andere Nähgarnrollen den Katzentieren geopfert. Als echter Crafter und Katzentier-Bedienstete hat man immer einen Plan B in der Hinterhand. Und wenn der nicht funktioniert – das Alphabet hat bekanntlich noch mehr Buchstaben. Und dann gibt es immer noch Zahlen …

Während der nächsten 5 Minuten werden die beiden Rollen um ziemlich jeden Gegenstand meiner Wohnung ge- und abgerollt. Gut, es waren nur noch je zweihundert Meter Garn drauf. Muss man den Faden aber per Hand wieder überall entfernen, sind das verdammt viele Meter. Jede Spinne wäre auf dieses Netz neidisch.

Aber was soll's. Ich habe frisches Bettzeug mit allen Knöpfen dran und glückliche Katzentiere. Ernsthaft, was will ich eigentlich noch mehr?

§ 30 – Individuelle Zusammenstellung und kollektiver Austausch

Die Katze hat ein Anrecht auf kreative Gestaltung von Kratz- und Schlafmöbeln sowie den Wänden der Wohnung ihres Bediensteten. Dabei soll der Bedienstete immer für ausreichende Sicherheitsmaßnahmen und Funktionalität sorgen.

Kommentar:

Auch in der friedlichen großen Katzentier-Liebhaber-Gemeinschaft globalisiert es, und es kommt mal zu kleinen kommerziellen Reibereien. Da gibt es zum Beispiel die Katzenmuddi, die immer nur Markenware kauft. Für sich, ihre Familie und selbstverständlich auch für ihre reinrassigen Katzentiere. Sie selbst schwört darauf. Egal was es ist, es muss immer Markenware sein. Was jedoch die Definition von Markenware ist, liegt in diesem Fall ziemlich klar im Auge des Betrachters beziehungsweise der Katzenmuddi.

Man könnte die Vorlieben auch damit beschreiben, dass Markenware einfach siebenhundertsechsundzwanzigmal teurer sein muss als alles andere. Und natürlich noch mit einem »Exklusiv« versehen. Sie findet es schade, dass die Raubkatze oder die griechische Siegesgöttin der Sportartikelhersteller gar nichts für Katzentiere produzieren. So eine Miezen-Transportbox von denen wäre doch voll der Verkaufsschlager. Sie und ihre drei Freundinnen würden die sich ja sofort kaufen.

Und nein … in der *Futterschüssel* geht sie nur einkaufen, wenn es gar nicht mehr anders geht. Sie hat da einen Spezialdienst, der nur Markenware verschickt. Sie und ihre drei Freundinnen kaufen da auch. Die *Futterschüssel* hat nur zwei Marken, von denen sie kaufen möchte. Alles andere ist ja nicht essbar für das Katzentier. Außerdem, da gibt es ja nicht die Marken-Transportbox zu kaufen, die sie so dringend sucht.

Was Kratzmöbel angeht, die werden selbstverständlich maßgefertigt. Sie müssen ja zusammen mit dem Rolf-Audi-Sofa und dem Hipster-Sessel in die Feng-Shui-Ausrichtung der vorhandenen Möbelausstellung im Wohnzimmer integriert werden.

Selbstverständlich weiß das reinrassige Katzentier all diese Bemühungen zu schätzen, schließlich hat man ja schon mal ein anderes, halt so ein Kratzmöbel von der Stange gekauft. Das wurde sage und schreibe erst nach zwei Wochen angeschaut! So richtig von oben herab wurde das ungeliebte Möbel zum Verkratzen, sprich Kaputtmachen angeschaut, das will sie dem armen Katzentier auf keinen Fall mehr antun. Und das, obwohl Katzenvaddi das ganze Wochenende daran geschraubt hat und noch elfmal zum Baumarkt gefahren ist. Es haben nämlich Schrauben und Muttern gefehlt, und man musste sogar Löcher nachbohren. Zur Verdeutlichung werden auch gleich Bilder mitgepostet.

Spätestens an dieser Stelle wird einem klar, dass das Katzentier viel schlauer ist als die Bedienstete. Der Kratzbaum ist nämlich schief und schepp[90] zusammengeknorzt. Obwohl als Deckenspanner gekauft, macht man das natürlich nicht, da würde ja die schöne abgehängte Decke so kaputtgehen, dass sie nicht mal ein kleines Kätzchen aushalten würde. Die Aufbauanleitung war zudem laut Katzenvaddi Schrott (deswegen musste er ja so oft in den Baumarkt), und überhaupt war das Ding generell Müll.

Die Abbildung des Katzentiers, das auf einem der Fotos zu erkennen ist, lässt etwa auf 6 bis 7 kg Körpergewicht schließen. Unter Berücksichtigung physikalischer Gesetze der Schwerkraft und Masse-Trägheit und unter Bezugnahme auf diverse Beschleunigungsversuche des Katzentiers hält der Baum sicher nicht mal das Kratzen an einer der

---

90 - Schepp ist ein in Hessen öfters gebrauchtes Adjektiv. Eine hochdeutsche Alternative wäre »schräg«, also in einem bestimmten Winkel von einer (gedachten) Linie abweichend.

Sisalrollen aus, bevor er unter lautem Getöse zusammenbricht. Da kann man es durchaus nachvollziehen, dass man keine Kratzmöbel mehr von der Stange kaufen möchte.

Bei der geplanten Maßanfertigung erfolgt der Aufbau übrigens durch Fachpersonal und daher natürlich unter der Woche, wenn Katzenvaddi arbeiten ist. Ein Schelm, wer dabei Böses denkt.

Als krassen Gegensatz zu erster Dame haben wir die Katzenmuddi, die froh ist, wenn die *Futterschüssel* mal Ausverkauf macht und sie ein Kratzmöbel als Ausstellungsstück abstauben kann. Nun ist sie auf ihr ersteigertes Stück mächtig stolz und stellt auch mal ein Foto davon ins Netz. Wir sehen Wiesen-Paule, das kleine Hauskatzentier, welches auf dem Möbelstück thront – ganz katzentierkonform wie Graf Rotz. Sein Haus, sein Schloss und so weiter. Für Katzentier-Verhältnisse ist der kleine Plüsch-Popo außer Rand und Band. Ein glückliches Katzentier mit seinem Kratzbaum von der Stange.

Warum dieses Beispiel jetzt so interessant ist? Es handelt sich doch tatsächlich um das gleiche Modell wie von der Marken-Katzenmuddi im letzten Absatz!

Oh nein! Und dann hat Angebotsmuddi auch noch eine ganze Menge weniger bezahlt. Das kann und darf nicht sein. Und überhaupt sieht der ja ganz anders als auf den Bildern aus.

Nun ja, wie sich nach einigen bedeutungsschwangeren geposteten Meinungen schließlich herausstellt, haben Angebotsmuddi und -vaddi den Baum, ganz ohne elfmal in den Baumarkt zu fahren, unter den fachkundigen Augen von Paule innerhalb von zwei Stunden zusammengebaut, an der Decke richtig gespannt und noch zur Sicherheit verdübelt. Ganz genau so, wie es in der Anleitung beschrieben war. Schon hatte man einen ziemlich stabilen und großen Baum, alles super – jedenfalls für Paule. Aber was weiß Paule schon, ist ja schließlich nur eine einfache Hauskatze.

Jetzt haben wir den Salat. Grüppchenbildung wird

proklamiert. Freunde, Römer und Katzenmuddis, wählt eure Gruppe, entweder pro oder contra Stangen-Kratzbaum!

Ähnlich wie früher in der Schule beim Völkerball-Auswählen bleibe ich bei den letzten, die sich nicht entscheiden können, zu welcher Mannschaft sie nun gehören wollen. Obwohl »wollen« in diesem Zusammenhang auch nicht der richtige Begriff ist.

Ich passe weder richtig ins Angebotsschema noch in die Markenabteilung. Ich finde gute Kratzbäume von der Stange super, neige aber dazu, mich an diesen handwerklich etwas auszutoben. Pimp my Kratzbaum trifft es wohl ganz gut. Dabei kann es passieren, dass alles super klappt, sprich, es werden zwei oder drei Hängemulden mehr, eine weitere Ablage oder ein Treppchen eingebaut. Angeschraubt, festgedübelt, Katzentier kommt mit Schub angerast, und es hält.

Es passierte aber auch schon das Gegenteil, da hat es nicht mal bis zum Anschrauben gereicht, bevor ich neue Ersatzteile besorgen musste. Aber das ist nun mal das Risiko, mit dem man rechnen muss, wenn man sich nicht an Aufbauanleitungen hält.

Auch ich zeige in besagter Diskussion mal Bilder meiner Konstruktionen, mitsamt Rollmops und Rasender Buddha, wie sie ziemlich relaxt in einem Körbchen liegen und die dicke Fellwampe in die Kamera halten.

Nach zwei bis drei wohlwollenden Kommentaren geht's auch schon los. Auf einmal hat die Diskussion so ein bisschen was von Lannisters gegen Starks[91], und ich mitten drin in der Schlacht um die Sieben Königs-Kratzbäume. Die einen finden meine Bauten okay, die anderen eher weniger. Warum, bleibt jedem selbst überlassen. Niemand muss meine Einrichtung gefallen, diese Bediensteten wohnen ja nicht hier.

---

91 - Die Lannisters und die Starks sind Familienclans aus der Serie *Game of Thrones*.

Nachdem das Argument des Gefallen oder Nichtgefallens vom Tisch ist, geht es weiter. Meine Katzentiere sind gestört, findet jedenfalls eine Katzenmuddi, denn sonst würden die ja nicht so betäubt da auf dem Baum liegen. Bestimmt enthält der Baum von der Stange giftige Inhaltsstoffe in Sisal und Stoff, welche die Katzentiere stoned machen.

Nette Theorie. Wenn‘s so wäre, will ich auch was von dem Stoff, um etwas ruhiger zu werden. Denn meinen Katzentieren geht so vieles am Fellpopo vorbei, dass ich mir diese arrogante Versnobtheit auch wünsche.

Katzenmuddi regt sich nun nur noch mehr auf, weil sie nicht ernst genommen wird.

Auf die Nachfrage, ob sie überhaupt hauptberufliche Katzenbedienstete ist, reagiert sie dann noch verstimmter als vorher. Wie sich nach und nach herausstellt, ist ihr Katzentier als Vorgartenguerilla mehr bei den Nachbarn zuhause als bei ihr.

Es reizt mich ja schon sehr, wieder mal die Verleihung des Alu-Futternapfs auszurufen.

Da kommt auch prompt die schon fast abgemeldete Vegan-Katzenmuddi vom letzten Mal um die Ecke. Meine Katzentiere sind laut ihr viel zu fett. Mit veganer Ernährung wäre das nicht passiert. Um Wiederholungen zu vermeiden, werden die literarischen Ergüsse der pro-veganen Katzentierernährer nicht erneut erwähnt. Ich verweise auf *§ 5 – Das Nahrungsbedürfnis*.

Jupp, das Thema hatten wir schon mal. Und nein, meine Katzentiere pupsen immer noch Stinkbomben und keine Regenbögen mit Rosenduft und Glimmer, weil sie Fleisch zu fressen bekommen und keine Einhörner werden sollen. Ja, es sind ziemliche Brummer, aber solange der Tierarzt mit ihnen zufrieden ist, sehe ich da keinen Handlungsbedarf.

Meinen nicht so ganz ernst gemeinten Hinweis, dass ich aber ein bisschen Petersilie zum Fleischfresschen dazulege, weil mir das die Werbung ja suggeriert, findet sie doof. Na ja, ich kann ja nicht immer die smarten Lacher auf meiner Seite haben.

Das Ganze geht dann einige Postings so weiter, bis dann endlich jemandem – also den Admins – auffällt, dass das eigentliche Thema von Kratzbäumen handelt. Es wird ein Waffenstillstand ausgerufen, und man einigt sich kollektiv darauf, dass wohl jeder irgendwie Recht hatte.

Na prima. Wir sind wieder alle nett zueinander und gestehen dem anderen zu, genau den Kratzbaum aufzustellen, der in die Räumlichkeiten passt, der finanzierbar ist und den man (gegebenenfalls auch unter Zuhilfenahme von Fachpersonal) zusammenschrauben kann, ohne dass das Katzentier das Gebilde zum Einsturz bringen kann.

§ 31 – Zusammenschlüsse und andere Gruppierungen

Die Katze sieht es nicht als zweckmäßig an, dass ihr Bediensteter in sogenannte Gruppierungen/Vereine/Clubs aufgenommen wird. Dies würde nur einen Zeitverlust zu ihren Ungunsten bedeuten. Es ist ausdrücklich darauf zu achten, dass, sollte der Bedienstete dennoch auf einen Beitritt dieser Art bestehen, ausschließlich sein Zeitkonto belastet wird.

Kommentar:

Auch bei Katzentier-Liebhabern geht es in den meisten Fällen scheinbar nicht ohne eine offizielle Gruppierung. Sprich, jeder Katzentier-Bedienstete, der etwas auf sich hält, sollte Mitglied in einem Verein sein – in mindestens einem. Wünschenswert sind da schon eher zwei, sagen jedenfalls die einen. Die Vereinsmeier selbst stellen die sehr gewagte These auf, dass ein Verein – nämlich ihrer – völlig ausreichend ist.

Gehen wir der Wahrheit doch mal auf den Grund.

Neulich wurde passenderweise mal wieder eine Umfrage unter den in diesem Kommentar schon oft erwähnten Katzenmuddis gemacht, zu welchen sich in der Zwischenzeit auch ein paar Katzenvaddis gesellt haben. Exklusiv-Katzenmuddi mutmaßte übrigens daraufhin gleich, dass die Katzenvaddis wohl entweder Fakeprofile seinen müssten, oder aber die Männer wären schwul.

Mir persönlich erschloss sich diese Erkenntnis nicht, und ich will auch heute noch nicht wissen, wie die Alte da drauf kam. Das wäre ja genauso, wie wenn jede Frau, die ein Katzentier bedient, es nur tut, weil sie keinen Partner und/ oder Kinder, alternativ andere Hobbies hat.

Aber kommen wir zum Thema Verein zurück. Im Katzenmuddi-Forum wollte jemand mal so in die

Runde fragen, wer wo in welchem Verein ist, in welcher Tierschutzorganisation man ist, und ob als aktives oder passives Mitglied. Ich fand es damals lustig, dass man die Option »weitere Antworten« nutzen konnte und habe ganz brav meinen Science-Fiction-Modellbau-Verein eingetragen, natürlich als total aktives Mitglied.

Da kam aber gleich Vegan-Katzenmuddi an und erklärte mir wie einem schizophrenen geistesgestörten Serienmörder aus *Criminal Minds*[92], dass ich das nicht darf. Nur Katzentier- und andere Tiervereine gehören da rein.

Ich bin wohl eine ganz böse Katzenmuddi, sagt dann auch Discounter-Katzenmuddi, denn ich müsste doch mindestens bei einem Rassekatzenverein sein, so oft, wie ich mit meinen Katzentieren angebe.

Ich bin nun etwas verwirrt. Ich habe bis dato genau vier Bilder meiner Katzentiere gepostet. Zufällig auch eines, wo beide gerade in der Dusche sitzen. Auf Nachfrage eben jener speziellen Katzenmuddi, warum die Katzen so etwas tun würden, erwähnte ich beiläufig, dass diese Rasse sich zu Wasser sehr hingezogen fühlt – nicht mehr. Wenn ich angebe oder angegeben bekomme, sieht das doch etwas anders aus. Das denke ich mir aber nur, bevor ich wieder mal vom Erklär- zum Klugscheißbär mutiere und widme mich wieder dem eigentlichen Thema.

Also, dass das mit den Vereinen zunächst eine rein freiwillige Sache ist, hat sie noch nicht mitbekommen, oder? Und wenn die Post-Erstellerinnen nicht wollen, dass man andere Vereine nennt, sollte man das doch bitte in der Überschrift und in dem erklärenden Text zur Umfrage einfügen. So ganz konnte ich mir das Klugscheißen dann doch nicht verkneifen – 'Schuldigung.

---

92 - *Criminal Minds* ist eine US-Fernsehserie, die seit 2005 läuft. Darin wird die Arbeit des FBI im Bereich des Profiling durch eine Verhaltensanalyse-Einheit beschrieben. *Criminal Minds* unterscheidet sich von anderen Serien dieser Art durch den Fokus auf den jeweiligen Kriminellen und weniger auf das Verbrechen an sich.

Dass meinem Beispiel einige User gefolgt sind und in der Umfrage auf einmal Mitgliedschaften bei Sportvereinen, besonders Fußballvereinen, auftauchten, dafür konnte ich nun wirklich nichts.

Es dauerte jedenfalls keine drei Minuten, da hat Vegan-Katzenmuddi die Überschrift und die Umfrage geändert und alle aus der Reihe fallenden Umfrageteilnehmer streng ermahnt. Immerhin ist das Ganze doch ein todernstes Thema. Weitere Antwortoptionen können nun nur noch von den Katzenmuddi-Admins hinzugefügt werden, und es wird explizit darauf hingewiesen, dass hier nur Katzentiervereine und Tierschutzorganisationen genannt werden dürfen.

Auch recht. Dann bin ich schon mal aus der Nummer raus.

Das denke ich jedenfalls so lange, bis die 3er-Combo Vegan-, Discounter- und Batman-Katzenmuddi (ihrem Profilbild nach zu urteilen) erst so richtig loslegen und anfangen, alle Katzenmuddis zu mobben, die nicht eine bestimmte Tierschutzorganisation unterstützen. Weil die von diesem Verein ja soooo cool sind, echt viel machen und damit auch was erreichen. Ja, ihre Methoden sind vielleicht unkonventionell, aber genau das würde ja das Besondere ausmachen. Und man *müsste* ja da unbedingt Mitglied werden, denn ist man nicht für diese Gruppierung, ist man dagegen und so weiter. Zudem würden ja alle anderen Vereine und Tierschutzorganisationen nie das erreichen, was dieser hier gerade erreicht. Also kurz gesagt: Ich soll *bloß* nicht in einen anderen Verein eintreten.

Ich lese mir die jubelperserischen Pamphlete, die virtuell verteilt werden, durch und habe dabei die ganze Zeit im Hinterkopf, dass mir das hier merkwürdigerweise sehr bekannt vorkommt. Nein, nicht von den Katzenmuddis, von sonst irgendwoher.

Ich beschließe, dass ich mir erst einmal einen Kaffee holen muss, und da fällt es mir ein. Wieder zurück zu den Muddis und sogleich posten. Mädels und Männers, kennt ihr eigentlich *Die Welle*?

Vegan-Muddi fragt mich blöd von der Seite, was ich denn jetzt mit diesem schlechten George-Clooney-Film will? Okay, sie meint *Der Sturm* aus dem Jahr 2000 mit dem Schorsch, und leider muss ich ihr Recht geben: War nicht sein bester Film.

Was ich aber eigentlich meinte, war das Buch *Die Welle*[93] und die darauf basierenden Filme. Nachdem wir dann noch einige weitere Literaturverfilmungen durchgeackert haben, da die Muddis ja nicht so viel Zeit haben wie ich, um neben der Beschäftigung mit ihren Katzentieren, dem Stress hier im Forum, dem *Candy Crush* spielen und dem Leben an sich auch noch etwas zu lesen (ich bitte um Beachtung, von einem Berufsleben fällt an dieser Stelle kein Wort), wird das dann auch klar.

Nee, den Film kennt nur einer der Katzenvaddis – er fand ihn gut und er brachte ihn zum Nachdenken. Aber so ein bisschen wäre der Vergleich ja übertrieben.

Ich vereinbare daraufhin via privatem elektronischem Austausch ein Experiment mit dem Katzenvaddi. Er und ich, wir sind jetzt mal die Vereinslosen. Wir wollen wissen, mit welchen Mitteln wir dazu gebracht werden sollen, in die angepriesene coole Organisation einzutreten.

Katzenvaddi hat drei wunderschöne Perser. Nicht meine favorisierte Rasse, was aber nichts macht. Mir müssen sie nicht gefallen, und wenn Katzenvaddi Spaß dran hat, freue ich mich für ihn mit. Außerdem sind das genauso Kampfschmuser wie Ahörnchen und Behörnchen[94] bei mir zuhause.

Warum er nicht in einem Perserverein wäre, wird Katzenvaddi prompt gefragt. Und: Seine Tiere seien

---

93 - Filmische Adaptionen des Romans *Die Welle* (1981) von Morton Rhue werden nicht selten als Unterrichtsmaterialien eingesetzt.

94 - Ahörnchen und Behörnchen sind die Namen von zwei Comic-Streifenhörnchen, die von *Disney* geschaffen wurden. Unter anderem traten sie als Protagonisten in *Chip und Chap – Die Ritter des Rechts* (1989–1990) auf.

doch nicht kastriert. Er könne doch züchten, sobald er in einem Züchterverein wäre. Außerdem gibt es da ja noch die bezeichnete coole Tierschutzorganisation. Die freut sich doch so wie Bolle über jedes neue Mitglied oder jede Spende. Besonders über eine Spende.

Oh, also Futter, Kratzbaum oder mal eine Katzentoilette?

Nee, Sachspenden sind nicht so beliebt. Nur Bares ist Wahres, wird ihm erklärt. Aber er könne ja auch gleich ein Shirt kaufen, mit Logo und so. Soll er doch mal machen und gleich fotografieren, damit er es als Profilbild nutzen kann, wie die 3er-Combo es tut. Das machen ja auch gerade so viele Prominente.

Tja … ich sage nur ALS Ice Bucket Challenge. Hat auch keine Sau vorher und danach weiter interessiert, sobald da keine Promis mehr mitgemacht haben und es nicht mehr medienwirksam auf *Facebook* und Co. ausgeschlachtet werden konnte.

Damit bin nun offiziell ich eine Persona non grata. Ich soll doch in Timbuktu die Sonne putzen gehen, wenn ich nichts Sachliches zum Thema beitrage.

Okay, bin ich halt wieder ruhig. Aber meine Zeit wird kommen, Mädels!

Puh. Ich lese dann nur mal still und leise mit. Ich vermute, Katzenvaddi hat nicht damit gerechnet, dass ihn die Katzenmuddis wie Hyänen einkreisen und darauf warten, wann er zusammenbricht. Schließlich sagt er dann, dass er sich nach reiflicher Überlegung dazu entschlossen hat, das Vereinsding nicht zu machen. Nicht wegen des Geldes. Er ist halt einfach nicht von dem überzeugt, wofür diese Organisation steht.

Ab jetzt geht es rund, und es ist auch nicht mehr jugendfrei. Erschreckend, wie bösartig Menschen werden können und wie schnell sie gerade im Internet Benimm und Verstand ausschalten. Abgesehen davon, dass Rechtschreibung mittlerweile out ist, im Netz allgemein, nicht nur bei den Katzenmuddis.

Bestimmt gab es hier in diesem Buch auch den einen oder anderen Vertipper. Das ist gut und völlig normal. Ich prangere bei den Netz-Schreibern aber die totale Missachtung jeglicher Orthographie an. Und auch, wenn es an einigen Grundschulen für eine super Idee gehalten wird, nach dem Gehörten zu schreiben, gibt es nicht ohne Grund Satzzeichen, grammatikalische Regeln und die Net(t)ikette.

Da werden jetzt auch hier wieder solche geistigen Katzentier-Häufchen niedergeschrieben, dass ich schon anfange, mich fremdzuschämen. Immerhin ist das Ganze keine öffentliche Umfrage, aber ich denke mir bei so was trotzdem immer wieder … Das Internet vergisst nicht.

Katzenvaddi ist mittlerweile total verzweifelt. Er hatte ja nicht damit gerechnet, dass unser kleines Experiment so aus dem Ruder läuft.

Okay, ich springe also in die Bresche und erkläre der 3er-Combo, dass das alles nur ein Experiment war, um mal zu sehen, wie sehr sie ihren Verein lieben. Wir wissen nun, sie würden nahezu alles tun, und ich bin bereit, bei ihren nächsten Vorstandswahlen genau das schriftlich festzuhalten. Ich würde sie sogar zitieren (nämlich die geistigen Katentierhäufchen).

Danach folgt noch ein kleiner digitaler Darmwind, weil das ja von uns nicht okay so war, aber dann ist auch gut. Katzenmuddis und -vaddis vertragen sich wieder, und nun kann man doch auch mal die eigentlichen Ergebnisse der Umfrage präsentieren. Ein paar Leute sind demnach in Vereinen, ein paar nicht, ein paar finden jene Organisation gut, die anderen weniger. Je nachdem, in welche Richtung die Auswertung geht, kann man da was hineininterpretieren oder auch nicht.

Ich finde mich irgendwo ganz weit unten bei den Katzentier-Bediensteten wieder, die keinem Katzentier-Verein und keiner Tierhilfsorganisation angehörig sind, dafür aber regelmäßig verschiedenen Organisationen was spenden.

Und wir sind ja bekanntlich doof. Weil das schließlich nur Tropfen auf den heißen Stein sind. Man muss seine Kräfte bündeln, nur so erreicht man etwas.

Och ja … Nun, also auf diese Weise erschafft man zuerst mal ein Kollektiv, wie ich mit meinem dazugehörigen »Wir sind die Borg«-Spruch[95] erklärend anbringe. Versteht aber leider nur wieder »mein« Katzenvaddi, der alte Nerd. Wieder mal ein Rohrkrepierer. In dem Forum gibt's eindeutig zu wenig Geeks!

Dann halt nochmal ganz langsam für meine geliebte 3er-Combo. Ich bin in keinem Katzentier-Verein, weil ich das nicht will. Ich züchte nicht, ich gehe mit den Katzentieren auf keine Ausstellung (was auch besser ist, so fett wie die sind, wie mir Vegan-Katzenmuddi prompt mitteilt) und sehe auch sonst keinerlei Veranlassung, irgendwo Mitglied zu werden, nur damit ich ein Vereinsshirt bekomme. Traue keiner Statistik, die du nicht selbst gefälscht hast, werfe ich dann noch in die Runde, und versuche, vorsichtig anzubringen, dass diese Umfrage so aussagekräftig ist, wie wenn Rasender Buddha mich anrülpst.

Ich frage dann auch noch, wann die 3er-Combo mal einen Stand für ihren Verein macht. Vielleicht auf dem nächsten Stadtfest oder so?

Nö, so was könnten sie doch nicht den ganzen Tag machen, dafür haben sie keine Zeit. Sie müssen ja hier im Forum für Recht und Ordnung sorgen. *Candy Crush* und *Pokémon GO*[96] nicht zu vergessen. Und außerdem müssten sie ja erst das ganze Material bekommen, und das Standzubehör wollte ihnen bisher auch niemand bringen. Eine wirkliche Schande sei das doch!

Meine Antwort in Form eines augenrollenden Smiley bleibt dann bis zum Schließen der Umfrage unkommentiert.

---

95 - Die Borg sind eine Alien-Rasse aus dem *Star Trek*-Universum.

96 - *Pokémon GO* ist eine Spiele-App mit Hype Effekt, die es seit 2016 gibt.

Katzenvaddi und ich sind seitdem übrigens echt dicke Buddies. Er fragt, ob ich nicht öfters mal Staatsfeind Nummer Eins spielen könnte, das wäre eine echte Erheiterung für alle, bis auf die 3er-Combo.

Hm, eine echte Versuchung. Wenn ich mehr Zeit hätte, gerne, ist ja schließlich meine Paraderolle. Aber ich muss leider ablehnen, da ich vertraglich noch an ein anderes »Studio« gebunden bin.

Egal, ob Verein, Organisation oder Gruppierung, ich bin nämlich grundsätzlich gerne mit von der Partie, wenn die Leute cool und genauso bekloppt sind wie ich, man ungezwungen Spaß haben kann, sich auch noch mit der Sache an sich identifiziert und sogar noch anderen was Gutes tut. Aber nur bei so was mitzumachen, weil es gerade »in« und »cool« ist oder »weil es ja jeder macht«, halte ich immer noch ein für ein sehr gewagtes sozialgesellschaftliches Experiment. So was hatten wir bekanntlich vor ein paar Jahren mehr schon mal, und es fängt gerade wieder an. »Wer nicht für mich ist, ist gegen mich« … Nö. Wer nicht für mich ist, der hat halt einfach eine andere Meinung. Wenn Bedienstete in ihrem offiziellen oder inoffiziellen Ehrenamt aufgehen und darin einen Sinn finden, ist das simpel bewundernswert. Sind es die gleichen, die dann versuchen, zu missionieren, und das um jeden Preis, ist das einfach nur scheiße.

Mist, wieder mal in einer Randgruppe gelandet.

Die Katzentiere finden es immerhin gut. So bleibt mehr Zeit für sie.

§ 32 – Aufnahme von weiteren Katzen in eine bestehende Gemeinschaft

Generell ist der Aufnahme von weiteren Katzen in der eigenen Wohnung beziehungsweise in Haus und Garten nicht zu widersprechen oder aber der Widerspruch muss sehr ausführlich begründet sein. Jedoch sind der neu zugezogenen Katze eine ausführliche Mitbewohnervereinbarung und die Verhaltensrichtlinien direkt beim Einzug vorzulegen.

Kommentar:

Hat man sich den Ruf als Katzentier-Bediensteter erst mal selbst ruiniert, sprich, jeder im näheren oder auch weiterem Umfeld weiß, dass man einer ist, ist man für alle Anfragen Katzentiere betreffend die erste Anlaufstelle. Wie schon ausführlich in *§ 28 – Darstellung des Bediensteten in der Öffentlichkeit* erörtert.

Neu in diesem Paragraphen soll nun erklärt werden, dass sich diese Umstände nicht nur auf die Theorie beschränken, sondern man gelegentlich sowohl von Nicht-Katzentier-Besitzern als auch von (sorry) militanten Katzentier-Besitzern dazu genötigt werden soll, ein weiteres Katzentier aufzunehmen.

Einer meiner Leitsprüche ist bei Katzentieren ja: Ein Schnäuzchen mehr kriegen wir auch noch satt. Aber … Genau, das böse Aber.

Es ist ja nicht nur das Futter, was es ranzuschaffen gilt. Katzentiere sind sehr selbstständig und können sich die meiste Zeit über selbst bespaßen, aber auch die Miezen wollen irgendwann eine Streicheleinheit, ein paar Bürstenstriche, und sehr wahrscheinlich möchten sie auch mal mit Spielzeug unterhalten werden.

Bei Rasender Buddha und Rollmops haben wir zwischenzeitlich einen sehr guten Zeitplan entwickelt, der alle zufriedenstellt und alle Bedürfnisse befriedigt. Und mal so ganz unter uns … Mit etwas mehr frei verfügbarer Zeit wäre das eine oder andere weitere Katzentier bereits bei mir eingezogen. Doch was will ich machen? Noch haben schlaue Menschen keine Zeit-Dehn-Maschine erfunden und bevor alle zu kurz kommen …

Allerdings ist dieser Umstand für Außenstehende manchmal schwer oder fast gar nicht nachzuvollziehen. So als Consultant für Katzentier-Angelegenheiten aller Art hatte ich erst letztens wieder mal eine fast schon unheimlich irre Begegnung der Nicht-Katzentier-Bediensteten-Art.

Nichts ahnend, was gleich auf mich zukommt, gehe ich entspannt zu einem kleinen Treffen mit Bekannten, die wiederum Bekannte dabeihaben. Einer dieser am Tisch sitzenden, nun über mehrere Ecken Bekannten erkennt gnadenlos, dass ich Katzentier-Bedienstete bin und nimmt mich ebenso gnadenlos in Beschlag.

Ohne danach gefragt zu haben, bekomme ich noch vor dem ersten Hallo ein Smartphone unter die Nase gehalten, auf dessen Display ein ziemlich verwackeltes Foto eines Katzentiers zu sehen ist. »Ey, der war bei mir im Garten. Meinst du, das ist ein Streuner? Hat das Vieh Tollwut? Hast du die Telefonnummer vom Katzentier-Notruf?«

Es ist ratsam, solche Fragen erst einmal ein paar Augenblicke sacken zu lassen. Zum einen gibt das Zeit genug, mit sich einig zu werden, ob diese Fragen wirklich ernst gemeint sind, zum anderen, um sich eine für alle Parteien zufriedenstelle Antwort zu überlegen.

Meist wird dann aber ohne messbare Verzögerung eine sofortige Aufforderung zur Antwort nachgeschoben. Der Hinweis darauf, dass man erst telepathischen Kontakt zu dem Katzentier aufnehmen wolle, um die Fragen korrekt beantworten zu können, bringt zunächst entsetztes Schweigen hervor. Aber wenigstens man hat nun die volle Aufmerksamkeit seines Gegenübers.

Jetzt am besten ganz schnell die ernstgemeinten Antworten im Telegrammstil runterrattern und hoffen, dass damit das Thema vom Tisch ist und man sich erst mal ein koffeinhaltiges Heißgetränk besorgen könnte.

Wie aber bei diesem sich wirklich ereigneten Vorfall kommt dann die Frage, ob man nicht mal den Transportkorb rausrücken könnte. Immerhin sei das Katzentier ja schon ein wenig schmal und sollte vielleicht aufgepäppelt werden. Man würde das Katzentier dann inklusive Transportbox vorbeibringen, sobald es eingefangen wäre.

Es ist ja bewundernswert, dass man so viele Fähigkeiten in uns stinknormale Bedienstete setzt, so ganz im Allgemeinen. Es mag durchaus eine Vielzahl von Personen geben, die für solche Aktionen die Befähigung, die Zeit und die Nerven haben. Ich habe sie aber nicht, noch bin ich ein Tierheim. Vor allem nicht für Menschen, welche sofort Panik schieben, nur weil die Nachbarskatze mal die Abkürzung durch den Garten genommen hat. Schmal oder dünn ist die Katze auch nicht, nur eben normal gebaut und nicht so ein properes Haar-Monster wie Rollmops und Rasender Buddha.

Daher lehne ich dankend das Angebot ab, mir das fremde Katzentier aufs Auge drücken zu lassen und starte vorsichtig meinen Erklärungsversuch, der aber schließlich damit endet, dass man mich für einen Katzentier-Hasser hält.

Ich schlage dann irgendwann vor, meinen kleinen Transportkorb zur Verfügung zu stellen, erkläre aber nochmals, dass ich das Katzentier nicht aufnehmen kann. Wenn das arme Katzentier wirklich so krank und dünn ist, dann sollte man es einfangen, und ab damit zum Tierarzt, der wird schon wissen, was zu tun ist. Aber Geld nicht vergessen. Das kann schnell ein höherer dreistelliger Betrag werden.

Ja, wie jetzt? Das Katzentier gehöre ihm doch überhaupt nicht. Warum soll er dann für die Behandlung bezahlen?

In solchen Momenten hat mein Kopf das krankhafte Bedürfnis, sich mit der Tischplatte abzuklatschen.

Na ja, wer das Katzentier vorbeibringt, zahlt auch im Regelfall, ähnlich wie bei einer Autoinspektion. Egal, ob dem Auftraggeber Katzentier oder Kraftfahrzeug gehören oder nicht.

Nö, das ginge ihm dann doch zu weit. Ist ja nicht mal das eigene Katzentier, sondern nur so ein Streuner im Garten. So viel hätte man jetzt auch nicht über. So über ein bis zwei Dosen Futter hätte man ja noch reden können, vielleicht noch eine Packung Brekkies, aber mehr wäre ja echt zu viel verlangt.

Ja, ne … ist klar. Aber mir das Katzentier aufs Auge drücken wollen.

Ja, sicher. Wieso ich mich jetzt so anstellen würde? Immerhin habe ich doch bereits das gesamte Equipment für die Katzentiere zuhause. Da kann man doch noch eine dazusetzen.

Jo! Geht alles! Ich komm dann morgen auch mal bei dir vorbei und ziehe ein. Möbel und Klamotten haste ja schon da, oder? Weil wir gerade dabei sind, ich esse fast alles – außer Blumenkohl.

Gut, ich hätte ahnen können, dass sarkastisch-ironische Antworten ein Schlag ins Leere werden, aber manchmal müssen solche Sachen einfach raus. Ist so ein tiefes Bedürfnis und erstaunlich befreiend. Dennoch mime ich noch einmal die verrückte Lady und erkläre erneut – mit Verlaub – für Idioten, warum ich bei fremden Menschen in fremden Gärten keine fremden Katzentiere fange und sie bei mir aufnehme.

Das totale Unverständnis schlägt mir entgegen. Ich bin diejenige, die dann das arme Vieh im Garten jämmerlich sterben lassen wird.

Ich werde diese Behauptung sowohl meine Katzentiere als auch die Nachbars-Katzentiere wissen lassen. Wenn das erst mal bekannt ist und sich rumgesprochen hat, kann ich einen Haufen Geld für Leckerchen sparen.

Insgeheim hoffe ich übrigens, dass der stromernde Plüsch-Popo einen Riesenhaufen bei dem Gegenüber in den

Garten gesetzt hat, jetzt, wo es gerade wieder warm wird und die Dämpfe sich viel besser entwickeln können.

Irgendwann nimmt sich das Gespräch eines anderen Themenkreises an, und alle vertragen sich wieder.

Beim Gehen kommt dann aber die Frage auf, warum es eigentlich immer nur um Katzentiere gehen würde, wenn man mich dabei hätte.

Och ja, das stimmt schon, ich rede viel über meine Katzentiere. Machen Eltern bei ihren Kindern oder ältere Herrschaften bei ihren Krankheitsbildern im Übrigen auch.

Aber die Antwort ist doch am Ende immer sehr einfach: Es sind einfach die wunderbarsten Tiere auf der Welt.

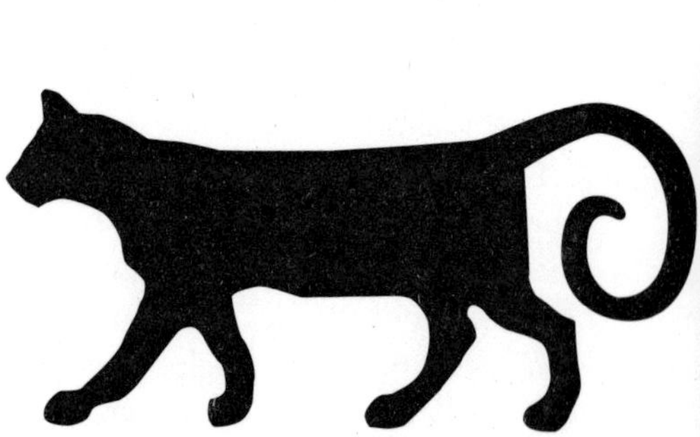

SCHLUSSFORMEL

Das war es also, das *Gesetzbuch des (All-)gemeinen Katzentiers mit ausführlicher Kommentierung*.

Sie sehen, nicht nur Ihr Katzentier ist ein kleiner Snob, andere Katzentiere sind es auch. Ich hoffe sehr, dass sowohl Sie als auch Ihr Katzentier trotzdem noch guten Mutes sind und niemand der Beteiligten beim Lesen dieses Buches zu einem schmerzhaften Schaden gekommen ist.

Weiter hoffe ich, dass Sie das Buch so unterhaltsam zu lesen fanden, wie ich, es zu schreiben. Ein wenig werde ich schon die Dialoge mit meinen Katzentieren vermissen, wenn sie neben mir am Schreibtisch saßen und kritisch den Monitor anmiauten, wo gerade ein Kommentar verfasst wurde.

Möchten Sie erfahren, was die beiden plüschigen Chaoten Rasender Buddha und Rollmops noch alles so anstellen und wie sie mich als ihre persönliche Chefbedienstete auf Trab halten, dann schauen Sie doch einfach auf unserer *Facebook*-Seite *NerdCats* unter *http://www.facebook.com/nerdcats* vorbei. Gerne können Sie uns dort auch schreiben, welche Angewohnheiten, Marotten oder Tricks Ihre schnurrigen Mitbewohner draufhaben oder auf welch wunderbare Weise Ihre Stubentiger Ihr Leben bereichern.

Ich bin mir sicher, dass selbst Rasender Buddha und Rollmops noch etwas lernen können.